Les enfants découvrent...

la science

TIME
LIFE
JEUNESSE

Contenu

❓ Comment est fait l'intérieur de la Terre?

RÉPONSE La Terre est faite de trois parties, un peu comme une pomme. La peau de la pomme, c'est la croûte terrestre. La pulpe, ce que l'on mange, c'est le manteau. Les pépins, au centre, c'est le noyau. Contrairement à ce que l'on croyait autrefois, l'intérieur de la Terre n'est pas pâteux.

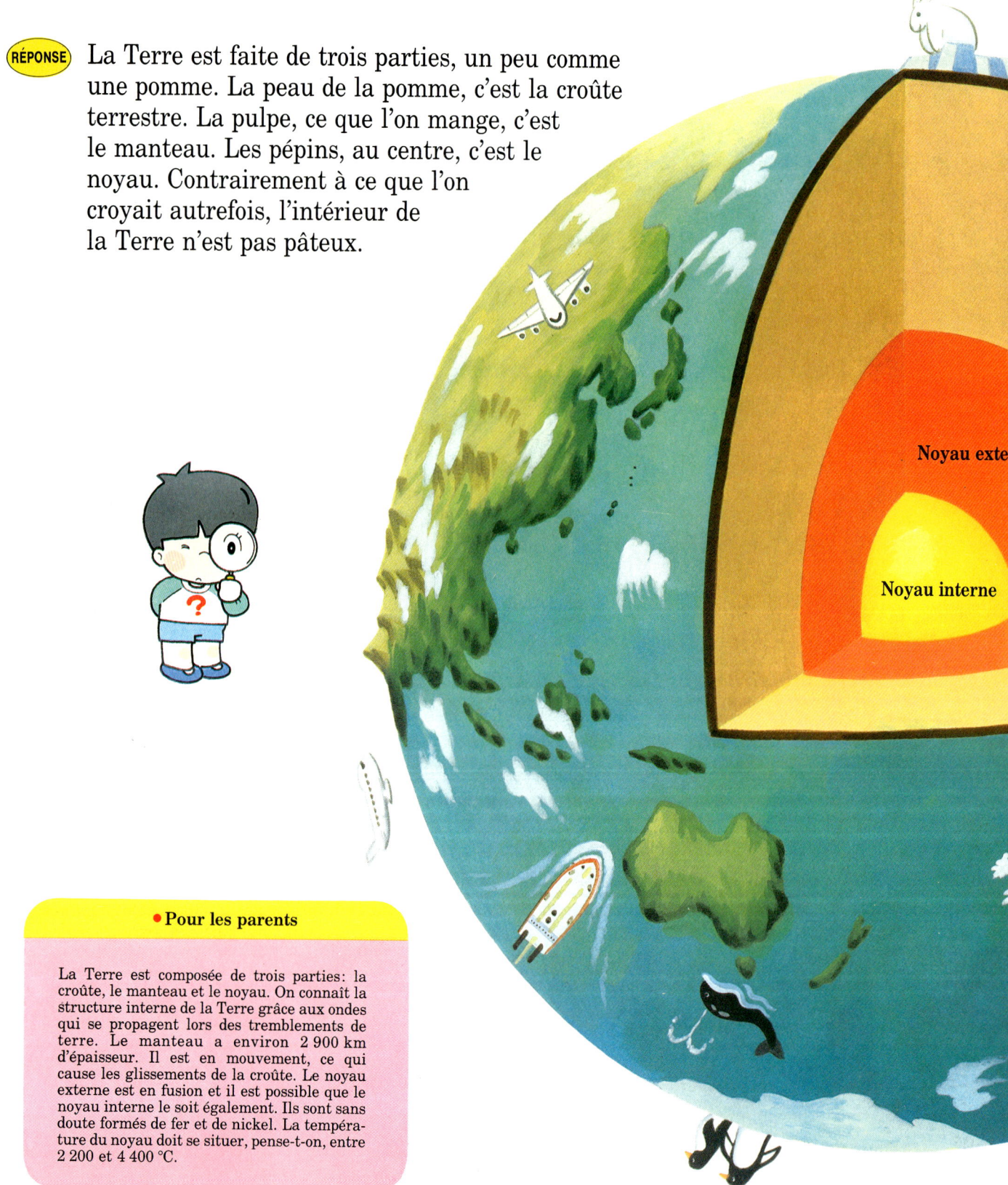

Noyau exter

Noyau interne

● **Pour les parents**

La Terre est composée de trois parties: la croûte, le manteau et le noyau. On connaît la structure interne de la Terre grâce aux ondes qui se propagent lors des tremblements de terre. Le manteau a environ 2 900 km d'épaisseur. Il est en mouvement, ce qui cause les glissements de la croûte. Le noyau externe est en fusion et il est possible que le noyau interne le soit également. Ils sont sans doute formés de fer et de nickel. La température du noyau doit se situer, pense-t-on, entre 2 200 et 4 400 °C.

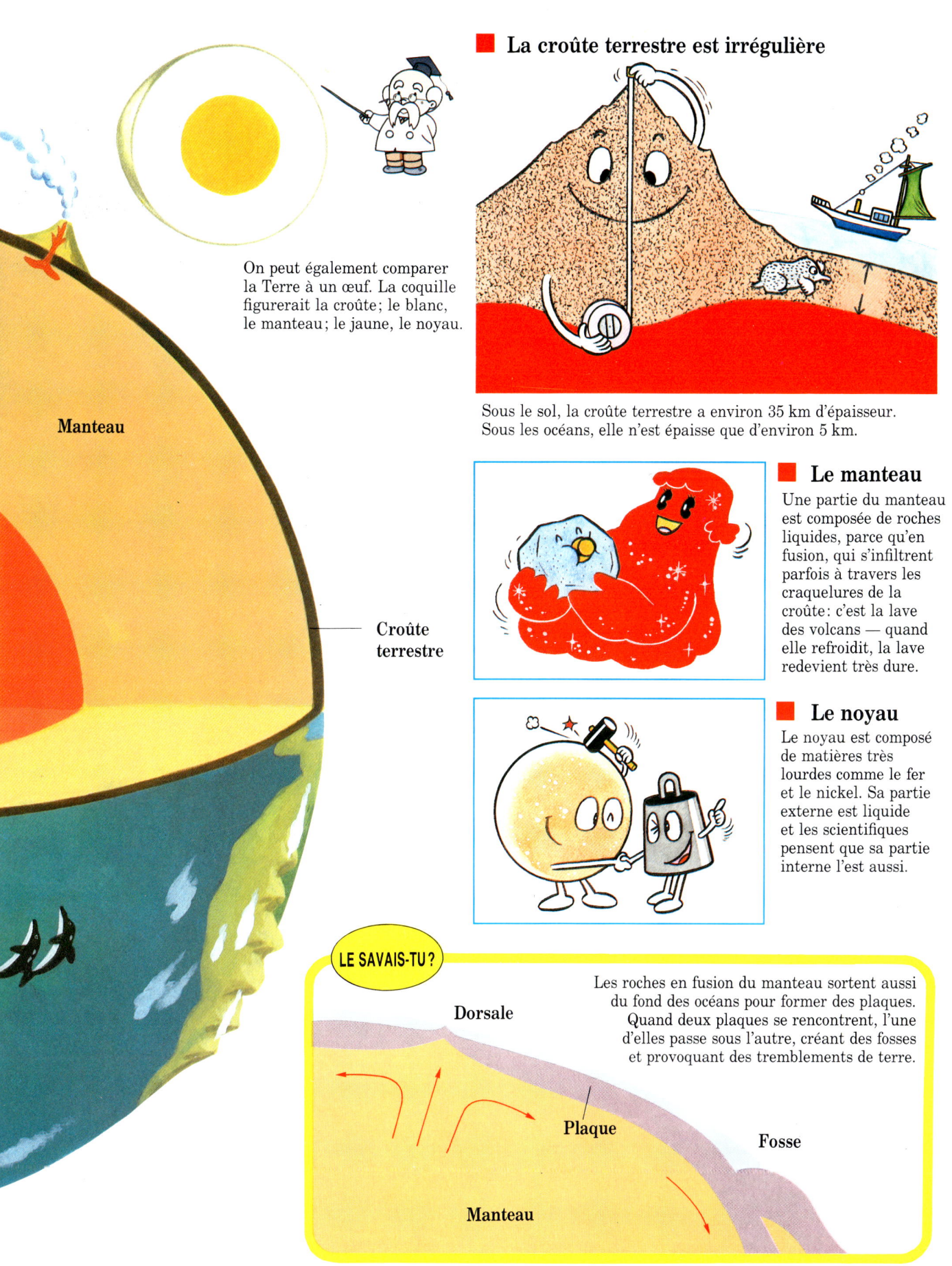

■ La croûte terrestre est irrégulière

On peut également comparer la Terre à un œuf. La coquille figurerait la croûte ; le blanc, le manteau ; le jaune, le noyau.

Sous le sol, la croûte terrestre a environ 35 km d'épaisseur. Sous les océans, elle n'est épaisse que d'environ 5 km.

Manteau

Croûte terrestre

■ Le manteau

Une partie du manteau est composée de roches liquides, parce qu'en fusion, qui s'infiltrent parfois à travers les craquelures de la croûte : c'est la lave des volcans — quand elle refroidit, la lave redevient très dure.

■ Le noyau

Le noyau est composé de matières très lourdes comme le fer et le nickel. Sa partie externe est liquide et les scientifiques pensent que sa partie interne l'est aussi.

LE SAVAIS-TU ?

Les roches en fusion du manteau sortent aussi du fond des océans pour former des plaques. Quand deux plaques se rencontrent, l'une d'elles passe sous l'autre, créant des fosses et provoquant des tremblements de terre.

Dorsale

Plaque

Fosse

Manteau

Pourquoi une boussole indique-t-elle le nord?

RÉPONSE La Terre se comporte comme un énorme aimant. Le pôle de cet aimant qui est dirigé vers le pôle Nord est appelé S; l'autre N. Comme les pôles N et S de deux aimants s'attirent, le pôle N de la boussole est attiré par le pôle S de la Terre, c'est-à-dire le nord.

Pôle Nord

S

N

Pôle Sud

Les pôles N et S s'attirent.

Lignes du champ magnétique

■ Comment utiliser une boussole

L'aiguille d'une boussole pointe toujours vers le nord. Tu peux ainsi en déduire les directions des autres points cardinaux: sud, est et ouest.

■ Une boussole de bateau

Autrefois, tous les navigateurs utilisaient des boussoles pour repérer le nord et déterminer la route à suivre.

LE SAVAIS-TU?

Si tu tenais une boussole juste au-dessus du pôle magnétique, elle pointerait vers le sol.

? De quoi sont faites la Terre et les autres planètes?

RÉPONSE Mercure, Vénus, la Terre et Mars sont essentiellement composées de roches dures. Les planètes plus lointaines, dites extérieures, sont faites de gaz, comme l'hydrogène ou le méthane.

La Terre

La Lune

Mars   Vénus   Mercure

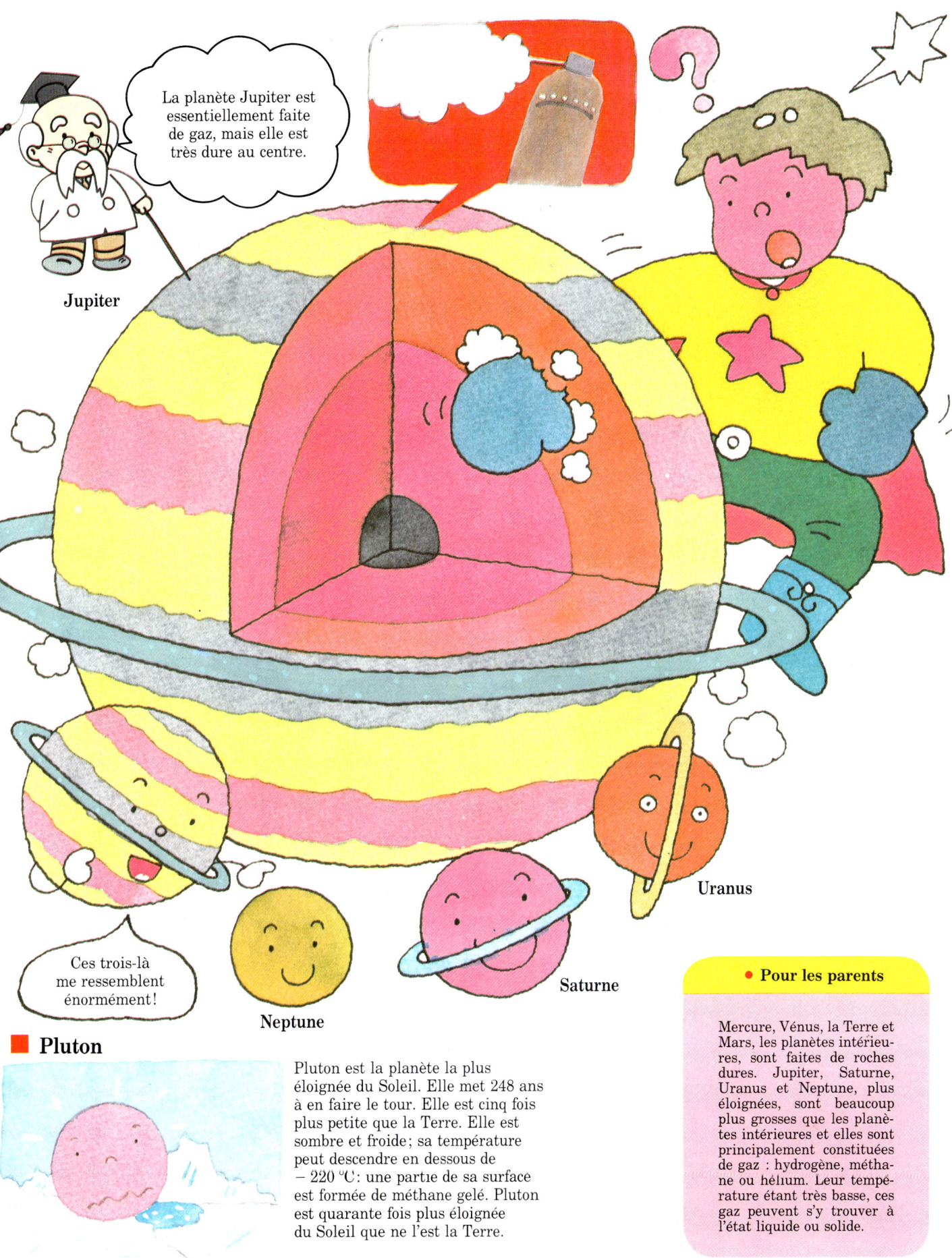

La planète Jupiter est essentiellement faite de gaz, mais elle est très dure au centre.

Jupiter

Ces trois-là me ressemblent énormément!

Uranus

Saturne

Neptune

Pluton

Pluton est la planète la plus éloignée du Soleil. Elle met 248 ans à en faire le tour. Elle est cinq fois plus petite que la Terre. Elle est sombre et froide; sa température peut descendre en dessous de −220 °C: une partie de sa surface est formée de méthane gelé. Pluton est quarante fois plus éloignée du Soleil que ne l'est la Terre.

● **Pour les parents**

Mercure, Vénus, la Terre et Mars, les planètes intérieures, sont faites de roches dures. Jupiter, Saturne, Uranus et Neptune, plus éloignées, sont beaucoup plus grosses que les planètes intérieures et elles sont principalement constituées de gaz : hydrogène, méthane ou hélium. Leur température étant très basse, ces gaz peuvent s'y trouver à l'état liquide ou solide.

❓ Comment a-t-on réussi à mesurer la taille de la Terre?

RÉPONSE L'une des méthodes consiste à observer la même étoile depuis deux points différents de la Terre puis à mesurer l'angle entre les lignes reliant chacun de ces points au centre de la Terre. Cet angle ainsi que la distance entre les deux points permettent le calcul.

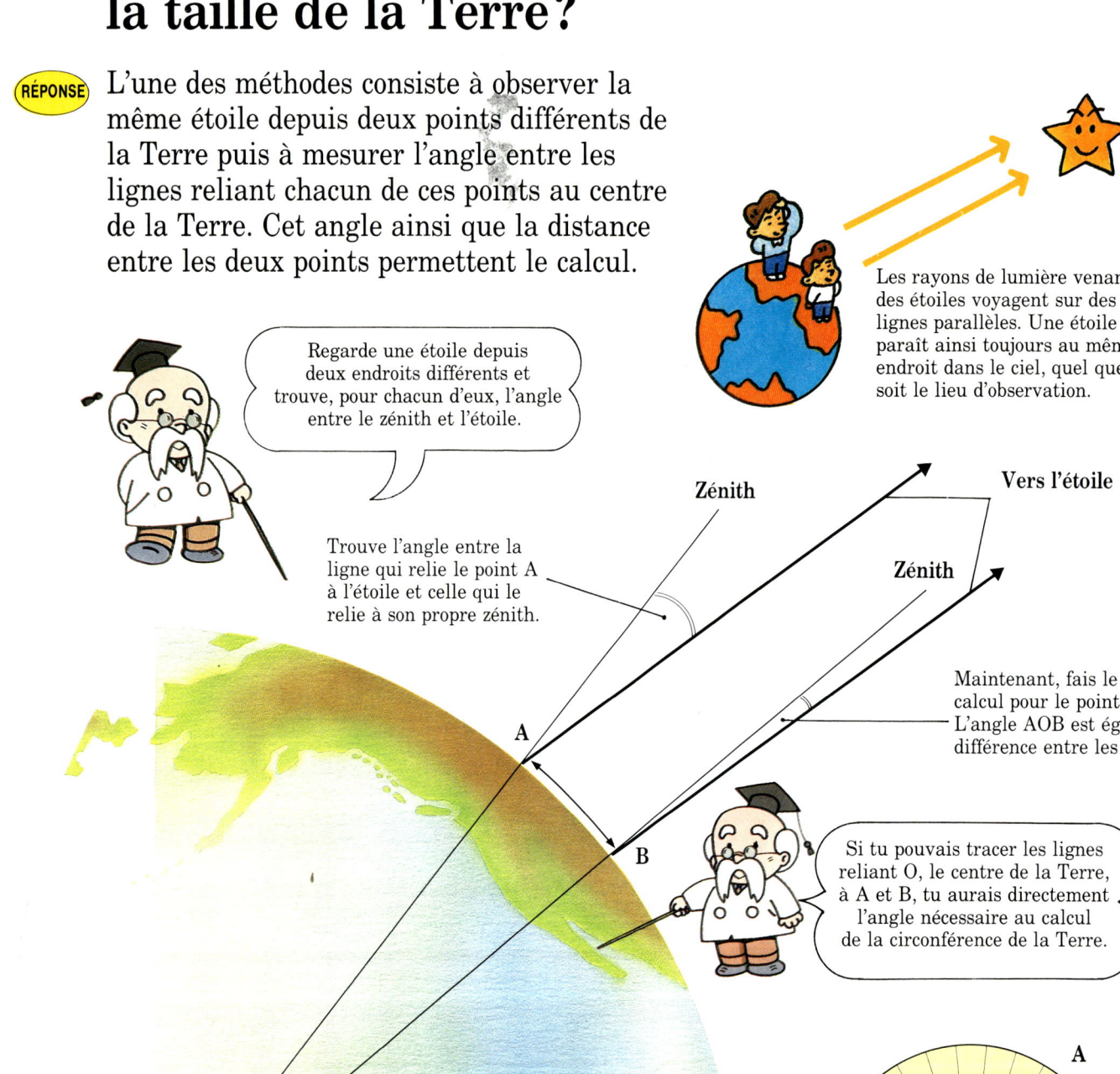

Les rayons de lumière venant des étoiles voyagent sur des lignes parallèles. Une étoile paraît ainsi toujours au même endroit dans le ciel, quel que soit le lieu d'observation.

Regarde une étoile depuis deux endroits différents et trouve, pour chacun d'eux, l'angle entre le zénith et l'étoile.

Trouve l'angle entre la ligne qui relie le point A à l'étoile et celle qui le relie à son propre zénith.

Zénith

Vers l'étoile

Zénith

Maintenant, fais le même calcul pour le point B. L'angle AOB est égal à la différence entre les deux.

A

B

Si tu pouvais tracer les lignes reliant O, le centre de la Terre, à A et B, tu aurais directement l'angle nécessaire au calcul de la circonférence de la Terre.

O

A

B

O

Compte le nombre de triangles AOB (en divisant 360° par l'angle que tu as obtenu). La taille de la Terre est égale à ce nombre multiplié par la distance entre A et B.

■ Comment mesurer la Terre à partir d'un satellite

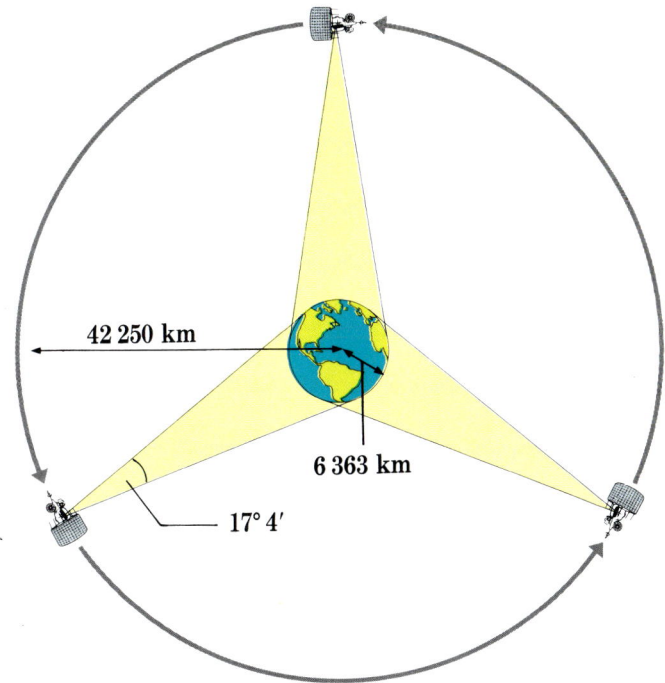

Les satellites géostationnaires, qui servent à faire des cartes, permettent aussi de mesurer la Terre. Comme ils sont en orbite à 35 887 kilomètres de notre planète, pour trouver le rayon de la Terre, il suffit de connaître l'angle sous lequel ils la voient — et de diviser cet angle par 2. Si on multiplie ensuite le cube du rayon ainsi obtenu par 3,1416, puis encore par 4/3, on obtient le volume de la Terre. Il faudrait trois satellites en orbite à 35 887 kilomètres de la Terre pour voir une de ses circonférences dans sa totalité.

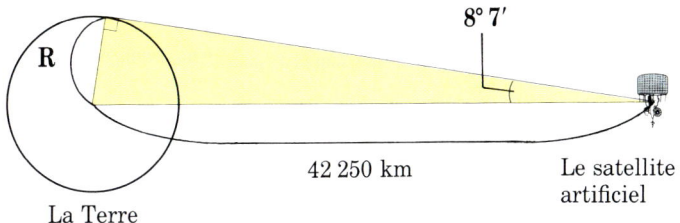

■ Comment les Grecs la mesuraient

Afin de déterminer l'angle formé par deux points de la surface terrestre et le centre de la Terre, le savant grec Ératosthène eut l'idée d'utiliser le Soleil: il mesura la longueur de l'ombre d'un obélisque, à Alexandrie, le jour du solstice d'été, à midi.

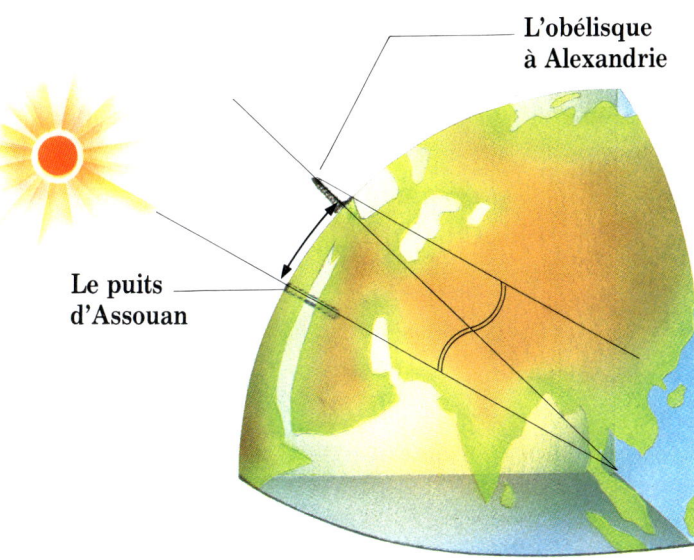

En multipliant les 800 km reliant Alexandrie à Assouan (la section de circonférence de la Terre entre les deux points) par 50 (puisque 800 km correspondent à 7° 2', donc à 1/50 de 360°), Ératosthène détermina la circonférence de la Terre: 40 000 km.

Il savait en effet que, chaque solstice d'été, à midi, le Soleil était au zénith à Assouan, 800 km plus au sud — il était à la verticale puisqu'il brillait au fond d'un puits profond. Or 800 km correspondent à un angle de 7° 2', soit 1/50 de 360°.

Comment les océans se sont-ils formés?

RÉPONSE

Tout à fait au début, la Terre était très chaude et les éruptions volcaniques nombreuses. La vapeur de ces éruptions se transformait en gros nuages qui entouraient la Terre. Quand notre planète s'est refroidie, ces nuages se sont transformés en pluie et l'eau s'est écoulée des hauteurs et s'est accumulée dans les creux, formant les océans.

En tournant, la Terre se concentra — les matériaux lourds s'enfonçant vers le centre, les légers remontant vers la surface. Bientôt, les pressio furent si fortes à l'intérieur que la chaleur de la Terre remonta et que l'eau jaillit, sous forme de vapeur, par tous les volcans et craquelures l'écorce terrestre. La Terre fut bien entourée d'une couche d'épais nuag

La Terre s'est formée au moment où certains des nuages de gaz se sont solidifiés puis sont entrés en collision, s'agglutinant pour former une masse toujours plus grosse. Notre planète a ensuite commencé à refroidir et à durcir, tout en prenant sa forme définitive. C'est son mouvement de rotation qui l'a faite si ronde.

À mesure que notre planète allait en se refroidissant, les nuages eux aussi devenaient plus froids, se condensaient et tombaient sous forme de pluie. Il a plu alors pendant très longtemps.

L'eau s'écoulait vers les régions les plus basses où elle se mit à stagner. Le volume d'eau augmenta au fil du temps; il finit par former des océans.

LE SAVAIS-TU?

Si toute la glace fondait...

Certains chercheurs pensent que la Terre se réchauffe. Si elle se réchauffait assez pour que toute la glace des pôles fonde, le niveau de la mer monterait et la plupart des villes du monde situées en bordure de mer seraient inondées.

À quoi ressemble le fond des océans?

RÉPONSE Le fond des océans n'est pas plat. Il comporte 65 000 kilomètres de chaînes montagneuses et un fossé plus profond que le mont Éverest n'est haut et si large qu'on pourrait y mettre six fois le Grand Canyon. En règle générale, les terres émergées sont plus plates que le fond des océans.

À certains endroits, au fond de l'océan, de la lave jaillit du sol. À d'autres, en revanche, elle s'écoule à l'intérieur de la Terre.

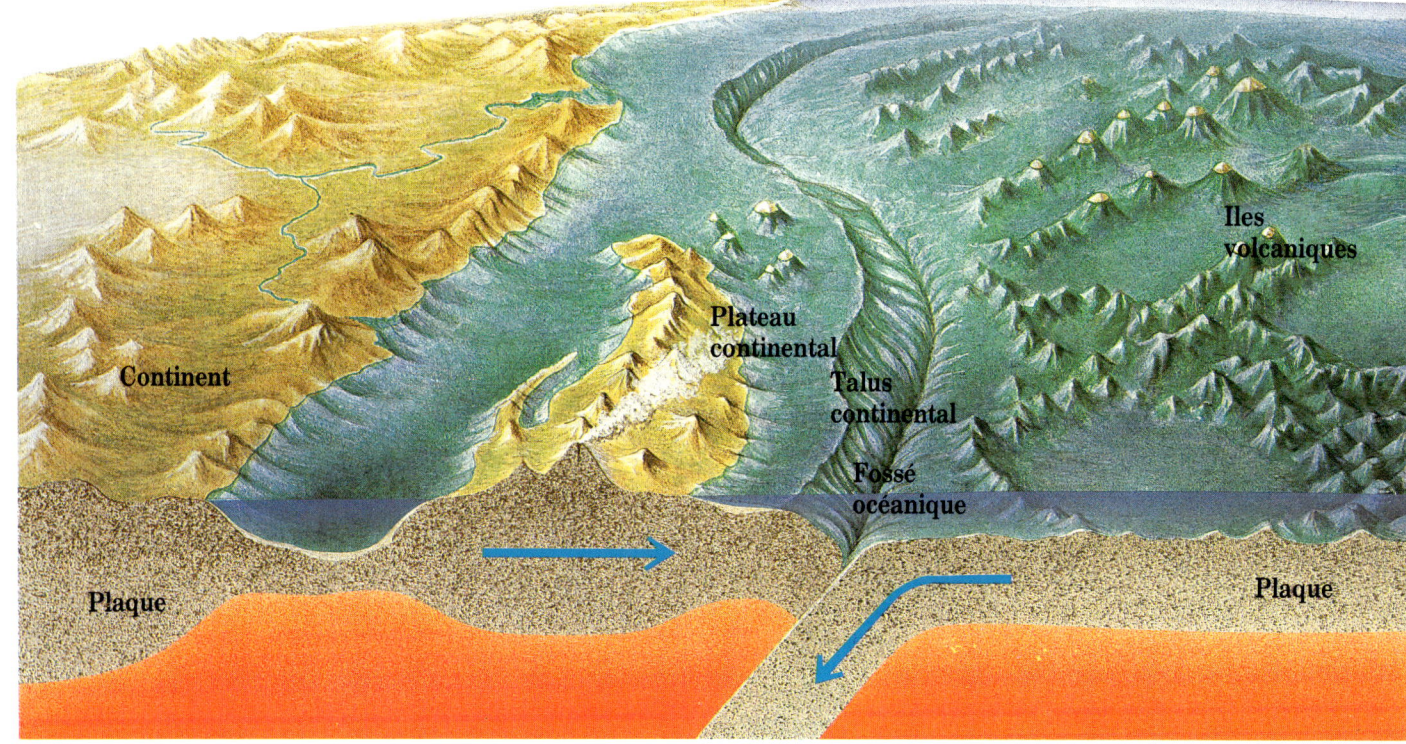

Continent

Plateau continental

Talus continental

Fossé océanique

Iles volcaniques

Plaque

Plaque

▲ Dorsale océanique

▲ Récif de corail immergé

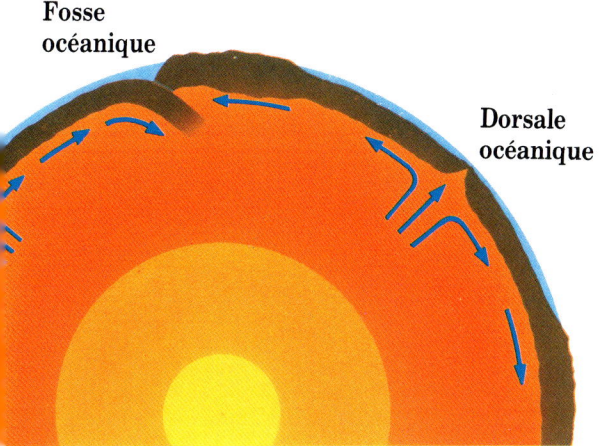

Fosse
océanique

Dorsale
océanique

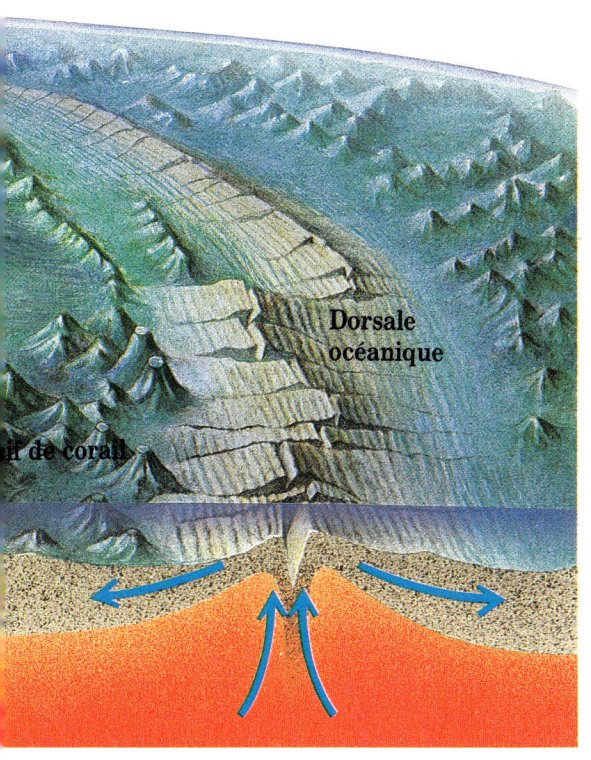

Dorsale
océanique

...f de corail

▲ Volcan immergé

 # Jusqu'où peut-on descendre, dans l'océan?

Les navires de plongée peuvent descendre très profond, à condition qu'ils soient capables de résister à la pression. Ce n'est pas toujours le cas. Les plus résistants d'entre eux peuvent descendre à plus de 6 000 mètres de profondeur.

2 000 mètres

Quelle drôle de créature!

6 000 mètres

Je n'avais jamais vu un poisson pareil!

● **Pour les parents**

La dorsale médio-atlantique est la chaîne de montagnes la plus longue du monde. Elle s'étend sur 16 000 km, au milieu de l'Atlantique, de l'océan Arctique à l'Alaska. On pense que la lave qui sort de ses rifts l'alimente continuellement. L'expansion s'articulerait donc dans les deux sens. La lave durcit, sous la croûte océanique, sur les plaques lithosphériques qui se déplacent de 1,3 et 7,6 cm par an. Quand elles se rencontrent, elles glissent l'une sous l'autre, créant un fossé et des séismes. Il y a plus de cent volcans au fond de l'océan, certains si près de la surface que les éruptions créent parfois des îles. L'éruption, en 1963, d'un volcan situé à proximité de la dorsale médio-atlantique a formé une île, Surtsey, encore émergée aujourd'hui.

 # Y a-t-il des courants dans les océans?

RÉPONSE L'eau des océans a l'air immobile. Pourtant elle est loin de l'être: elle est agitée de courants. Tous les océans en comptent; ce sont, en quelque sorte, des rivières à l'intérieur des océans.

Si tu jettes une bouteille à la mer, avec un message à l'intérieur, le courant océanique la portera au loin.

Les courants océaniques

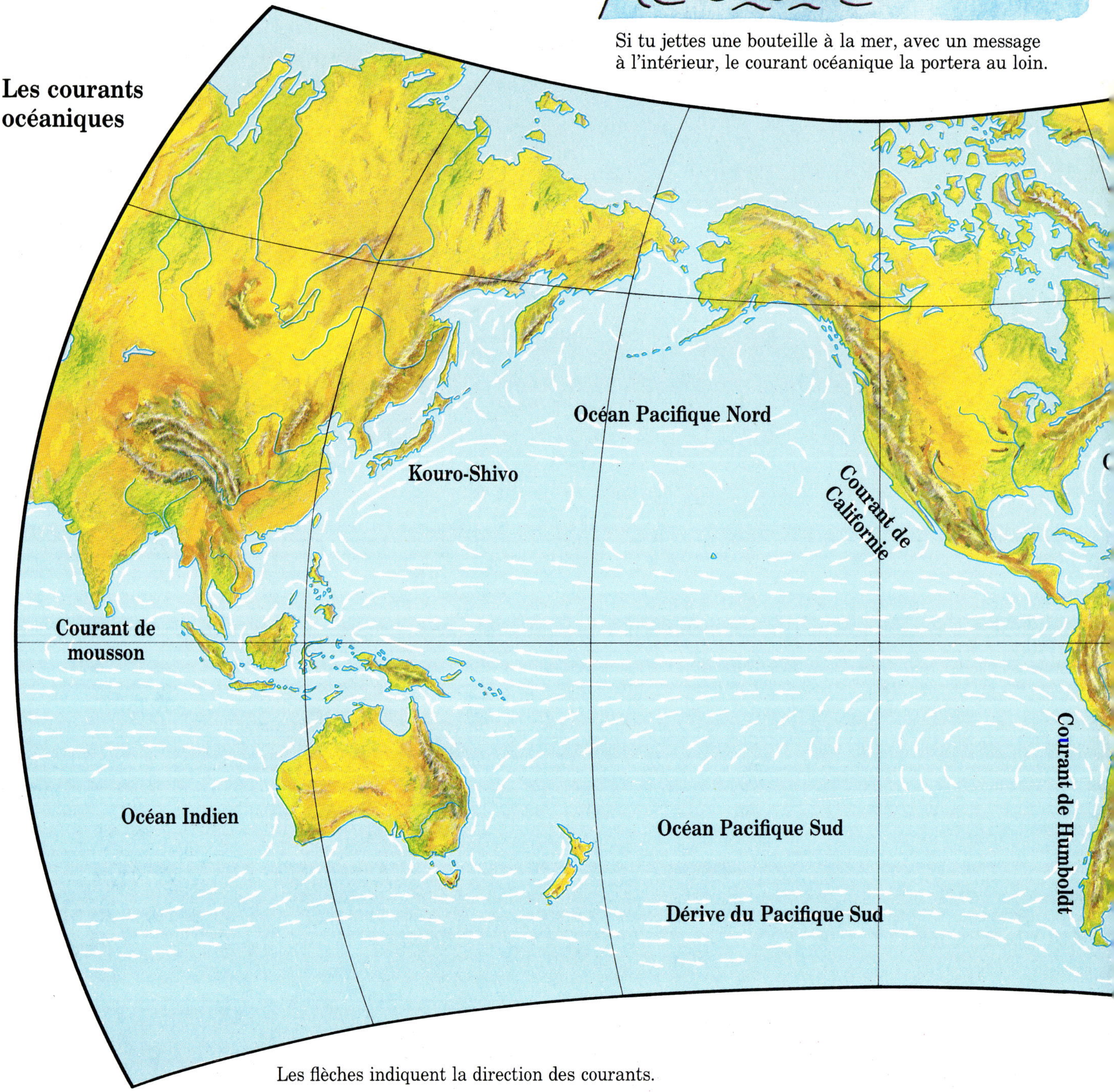

Océan Pacifique Nord

Kouro-Shivo

Courant de Californie

Courant de mousson

Océan Indien

Océan Pacifique Sud

Dérive du Pacifique Sud

Courant de Humboldt

Les flèches indiquent la direction des courants.

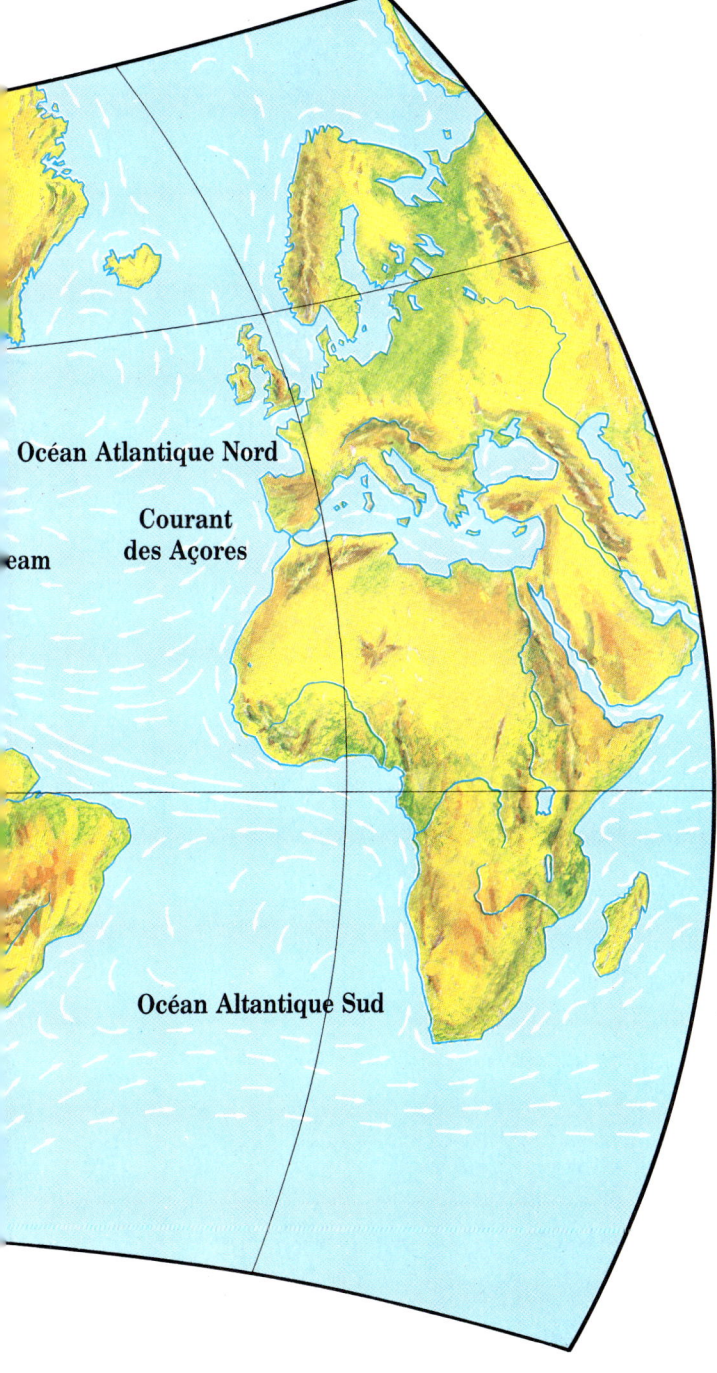

Océan Atlantique Nord

Courant des Açores

eam

Océan Altantique Sud

■ Pourquoi il y a des courants

Les vents d'ouest dominants, par exemple, créent des courants, mais ils ne sont pas les seuls responsables.

La rotation de la Terre, qui entraîne dans son mouvement l'eau des océans, en est également responsable.

■ La direction des courants

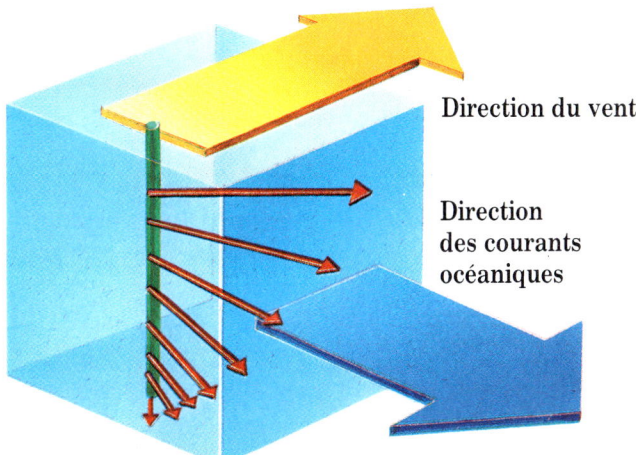

Direction du vent

Direction des courants océaniques

Quand le vent souffle, il soulève l'eau vers la surface. Mais, pour certaines autres raisons, les courants s'écoulent selon un angle de 45° par rapport à la direction du vent.

? Comment naissent les lacs?

RÉPONSE Les lacs peuvent se former de différentes manières. Parfois, l'eau s'accumule dans des cratères de volcans ou dans des cuvettes. On peut aussi créer des lacs artificiellement, en construisant un barrage qui retient une rivière ou isole un bout d'océan.

Lac de caldeira
Ce type de lac se forme quand l'eau s'accumule dans un cratère effondré.

Bras mort
Un barrage a été construit sur une rivière; il a créé un lac, artificiellement.

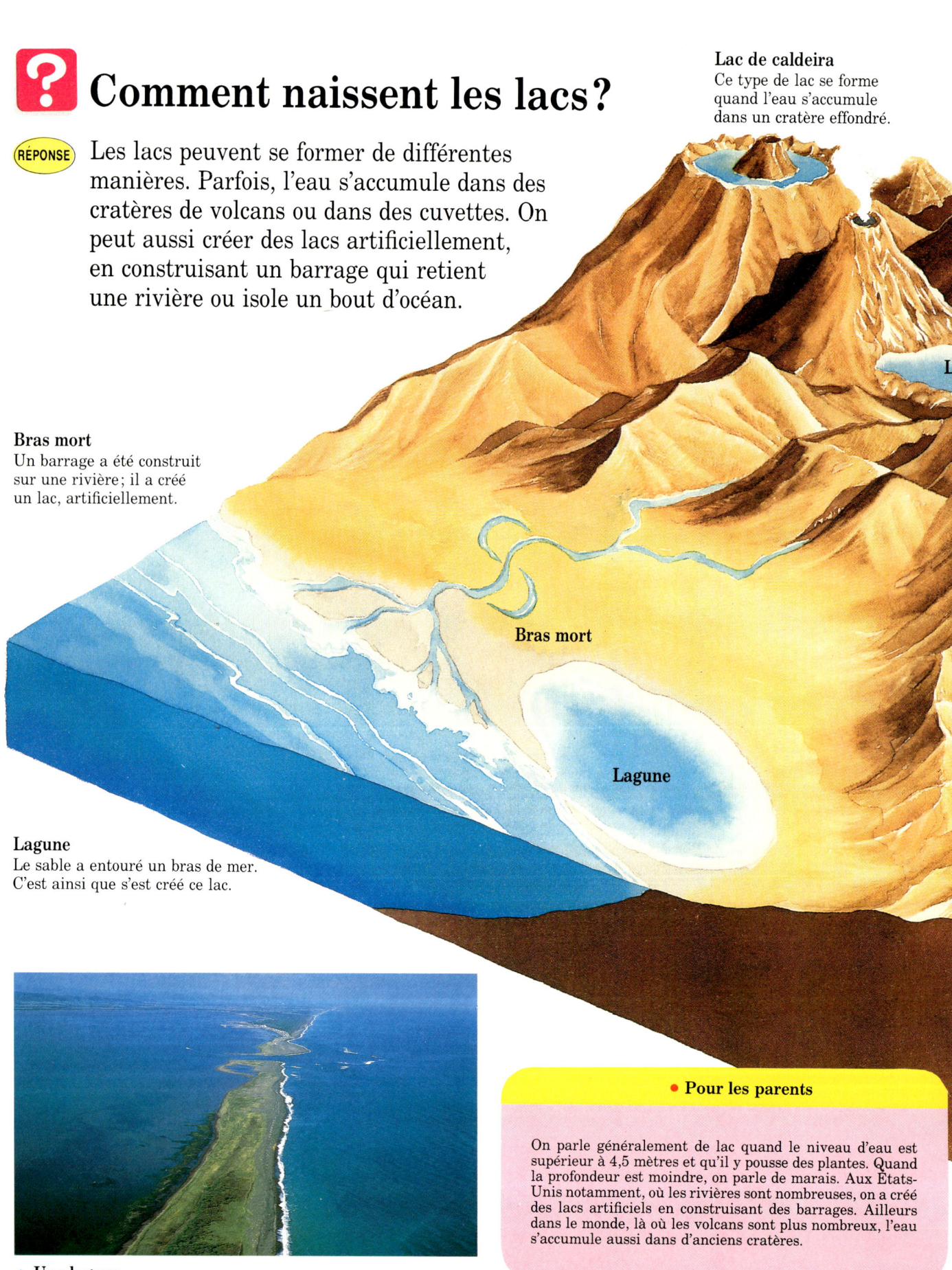

Bras mort

Lagune

Lagune
Le sable a entouré un bras de mer. C'est ainsi que s'est créé ce lac.

▲ Une lagune

• Pour les parents

On parle généralement de lac quand le niveau d'eau est supérieur à 4,5 mètres et qu'il y pousse des plantes. Quand la profondeur est moindre, on parle de marais. Aux États-Unis notamment, où les rivières sont nombreuses, on a créé des lacs artificiels en construisant des barrages. Ailleurs dans le monde, là où les volcans sont plus nombreux, l'eau s'accumule aussi dans d'anciens cratères.

Lac de cratère

Ce lac s'est formé dans le cratère
d'un volcan éteint. Le lac Crater,
dans l'Oregon, s'est formé ainsi.

Un lac de cratère

enue

Lac d'effondrement

Lac d'effondrement

Ce lac s'est formé par
accumulation d'eau dans
une grande cuvette naturelle.

Lac de retenue

Le cours de cette rivière a été barré
par la lave d'un volcan qui était actif
il y a de très nombreuses années.

▲ Un lac de cratère

▲ Un lac d'effondrement

▲ Un lac de retenue

19

? Comment les roches se sont-elles formées?

RÉPONSE Il y a trois types de roches: les roches volcaniques, les roches sédimentaires et enfin les roches métamorphiques. Les roches volcaniques proviennent du magma ou autres roches en fusion devenues solides. La désagrégation ou l'érosion en fait, par la suite, des roches sédimentaires. Chaleur et pression les transforment finalement en roches de type métamorphique.

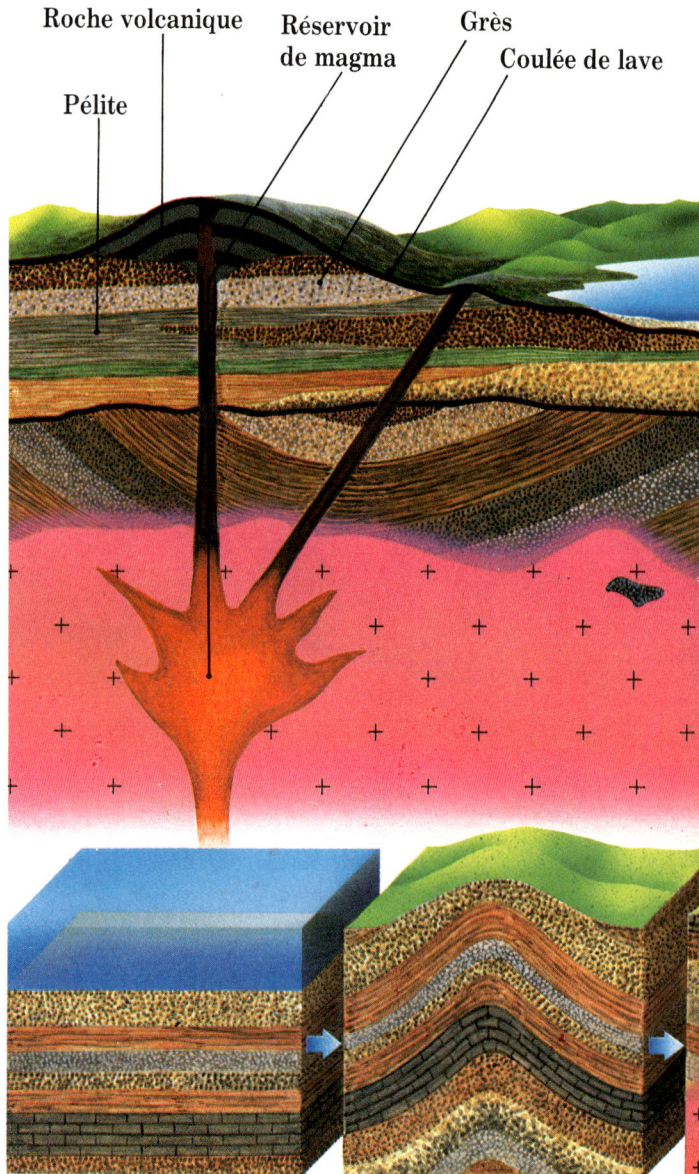

Roche volcanique   Réservoir de magma   Grès   Coulée de lave

Pélite

Terre ou sable accumulés au fond des lacs et des océans forment des roches sédimentaires.

▲ Lave (volcanique)

▲ Granite (volcanique)

▲ Strate de grès et de pélite (roche basique)

20

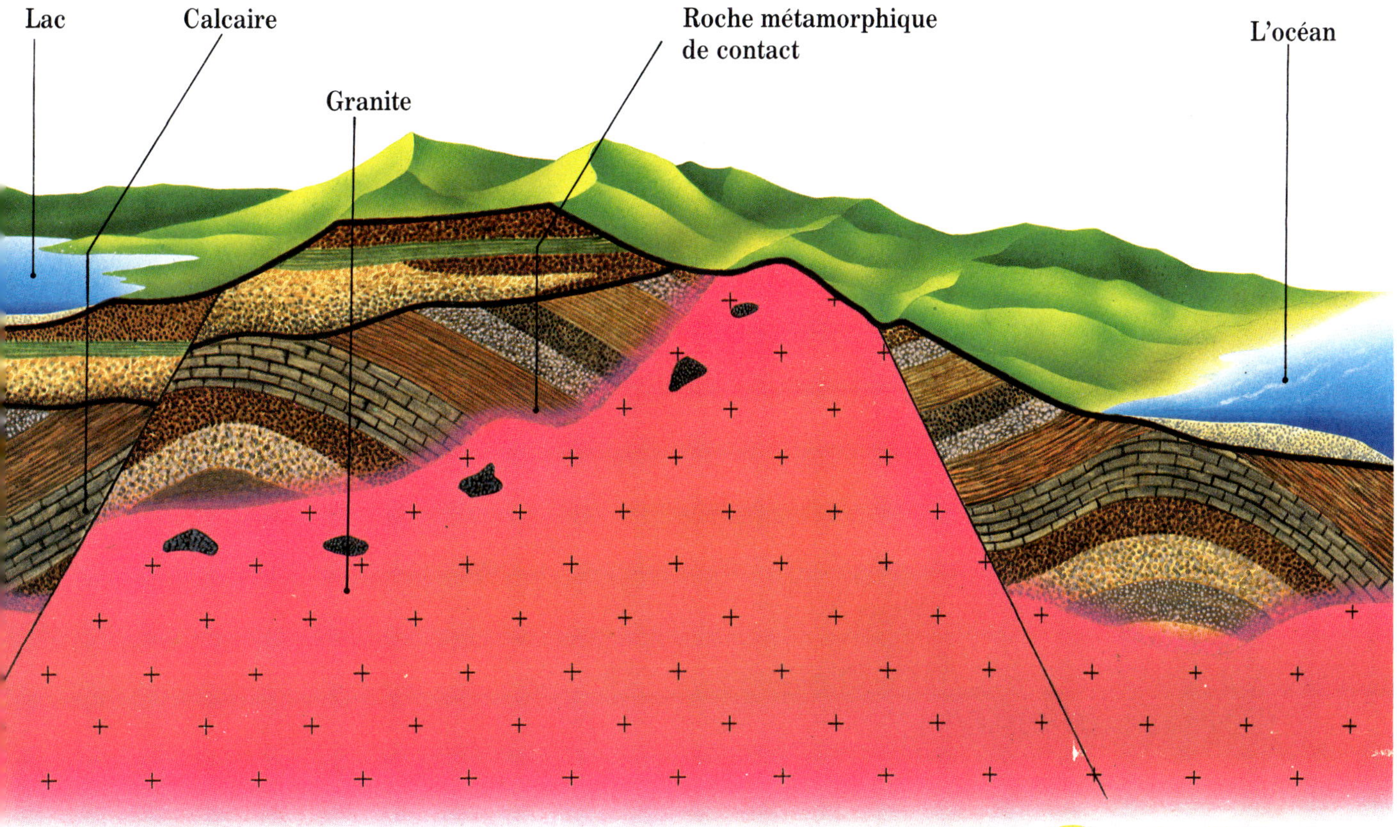

Lac   Calcaire

Granite

Roche métamorphique
de contact

L'océan

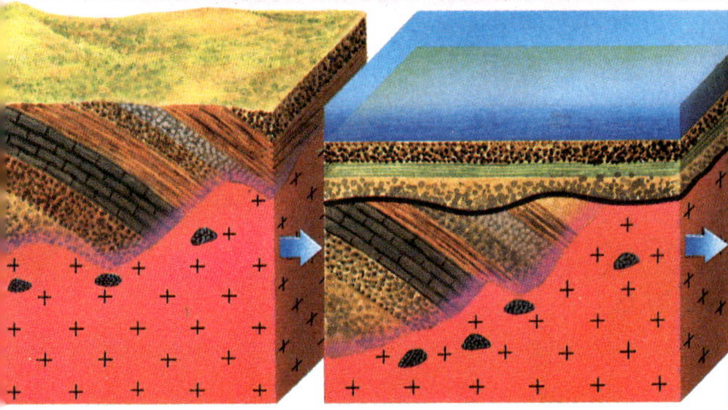

Les roches sédimentaires peuvent devenir
métamorphiques par pression ou chaleur.

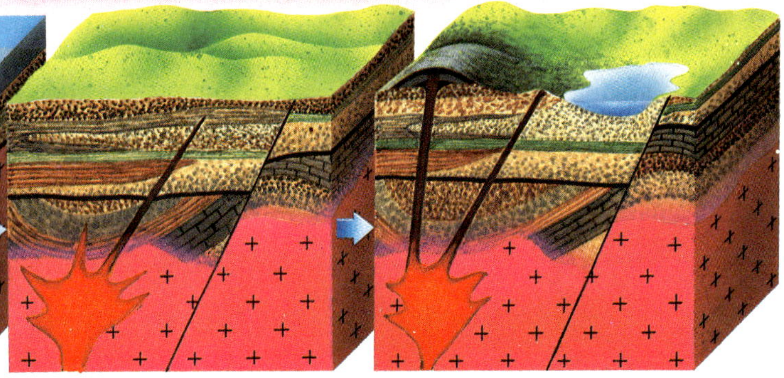

La lave qui refroidit sous la terre, ou après
une éruption, devient de la roche volcanique.

▲ Schiste cristallin métamorphique

▲ Filon

●Pour les parents

Les roches qui composent la surface de
la Terre sont dites volcaniques, sédimentaires ou métamorphiques. Le
magma qui se forme au centre de la
Terre se solidifie en arrivant à la
surface et forme les roches volcaniques. Si elles se désagrègent, subissent une érosion et sont déplacées par
le vent ou par l'eau, elles deviennent
sédimentaires. Si les roches volcaniques ou sédimentaires sont refoulées
sous terre par les mouvements de la
croûte terrestre, elles deviennent métamorphiques. Ce changement résulte
de la pression exercée par la Terre et
aussi de la température très élevée du
magma en fusion.

21

D'où vient le pétrole?

■ La formation du pétrole

Bien des choses vivent dans l'eau, notamment les différents organismes qui donnent naissance au pétrole. Il faut des millions d'années et certaines conditions pour que se forme le pétrole.

Quand ils meurent, ces organismes tombent au fond de l'océan ou du lac. Avec le temps, leur nombre augmente. Au cours de très, très nombreuses années, les strates se superposent.

■ Les régions où on trouve beaucoup de pétrole

On ne trouve pas du pétrole partout. On en trouve même dans très peu de pays ; par exemple au Moyen-Orient, en Iran et en Arabie Saoudite. Presque la moitié de la production mondiale vient de là. Les pays qui n'ont pas ou peu de pétrole, comme la France, l'achètent à ceux qui en ont.

▼ Les points rouges indiquent les sites pétrolifères.

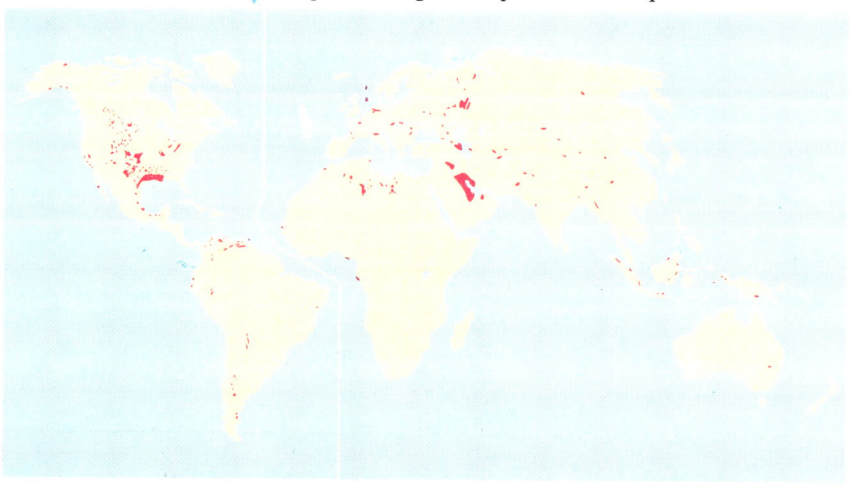

RÉPONSE Les organismes et les plantes qui meurent coulent et s'empilent au fond de l'eau, en lourdes strates superposées. Avec le temps, et grâce à la chaleur de la Terre, ils se transforment en pétrole.

La couche d'organismes morts s'épaissit à mesure que les déchets s'accumulent. Grâce à la chaleur de la Terre, ils se dégradent et se transforment lentement en pétrole.

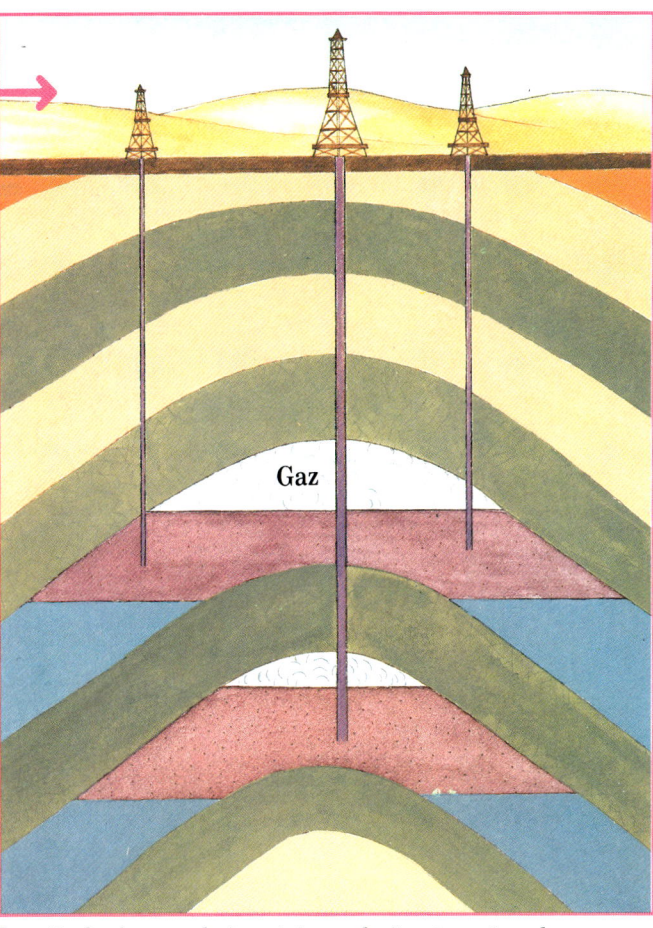

Le pétrole s'accumule à certains endroits et se répand dans le sol. Quand on en trouve quelque part, il y en a sûrement autour: on creuse un puits pour le pomper.

■ C'est là qu'est le pétrole

Certains pays n'ont pas de pétrole. D'autres en ont beaucoup. Les pays qui en ont le plus sont l'Arabie Saoudite, le Koweït, l'Iran, l'URSS et les États-Unis. Le Moyen-Orient à lui seul produit plus de la moitié du pétrole du monde.

▲ Une plate-forme offshore

● **Pour les parents**

La matière qui donnera du pétrole est composée surtout de plancton et d'algues qui s'accumulent au fond de l'eau et y sont conservés sous forme de matière organique. Lorsque les couches successives de matière organique sont recouvertes de boue, la pression augmente. La matière organique est décomposée par la chaleur et certaines bactéries et elle se transforme en gaz ou en pétrole qui s'infiltre dans la roche tendre et s'accumule à certains endroits. Les principaux pays producteurs de pétrole se trouvent au Moyen Orient. Ils fournissent plus de la moitié de la production mondiale.

⟨?⟩ Où se forme le charbon?

■ La formation du charbon

Il y a très longtemps, des arbres poussaient déjà, à certains endroits, sur la Terre.

Quand ils mouraient, ils étaient progressivement enfouis sous une épaisse couche de terre.

■ Les arbres qui sont devenus charbon

Le charbon qu'on peut extraire aujourd'hui vient d'arbres qui ont poussé dans d'épaisses forêts il y a 300 millions d'années. Après leur mort, et au cours des nombreuses transformations de la croûte terrestre, ils ont été enfouis puis se sont transformés en charbon.

▶ Les arbres qui sont devenus du charbon ressemblaient à ceux-ci.

▲ Écorce fossilisée d'un ancien arbre

RÉPONSE Les arbres qui vivaient il y a très longtemps ont été, au cours du temps, recouverts d'une très épaisse couche de terre. Ensuite, la chaleur venue du centre de la planète les a transformés en charbon.

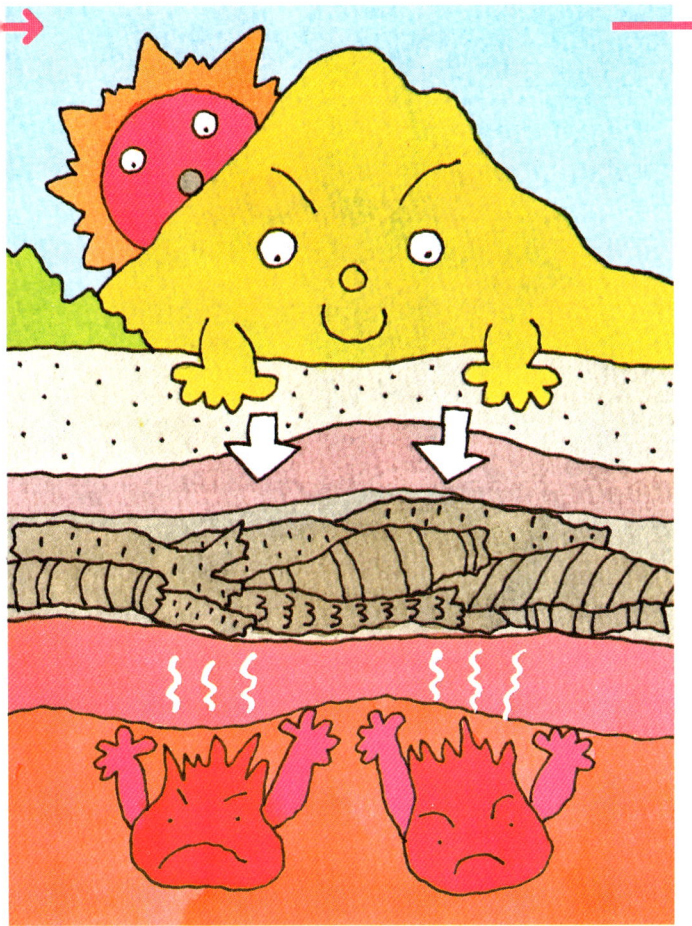

La pression due au poids des couches et la chaleur venue de la Terre ont transformé les arbres en charbon.

On creuse des puits et des galeries pour aller chercher sous terre le charbon qui nous servira de combustible.

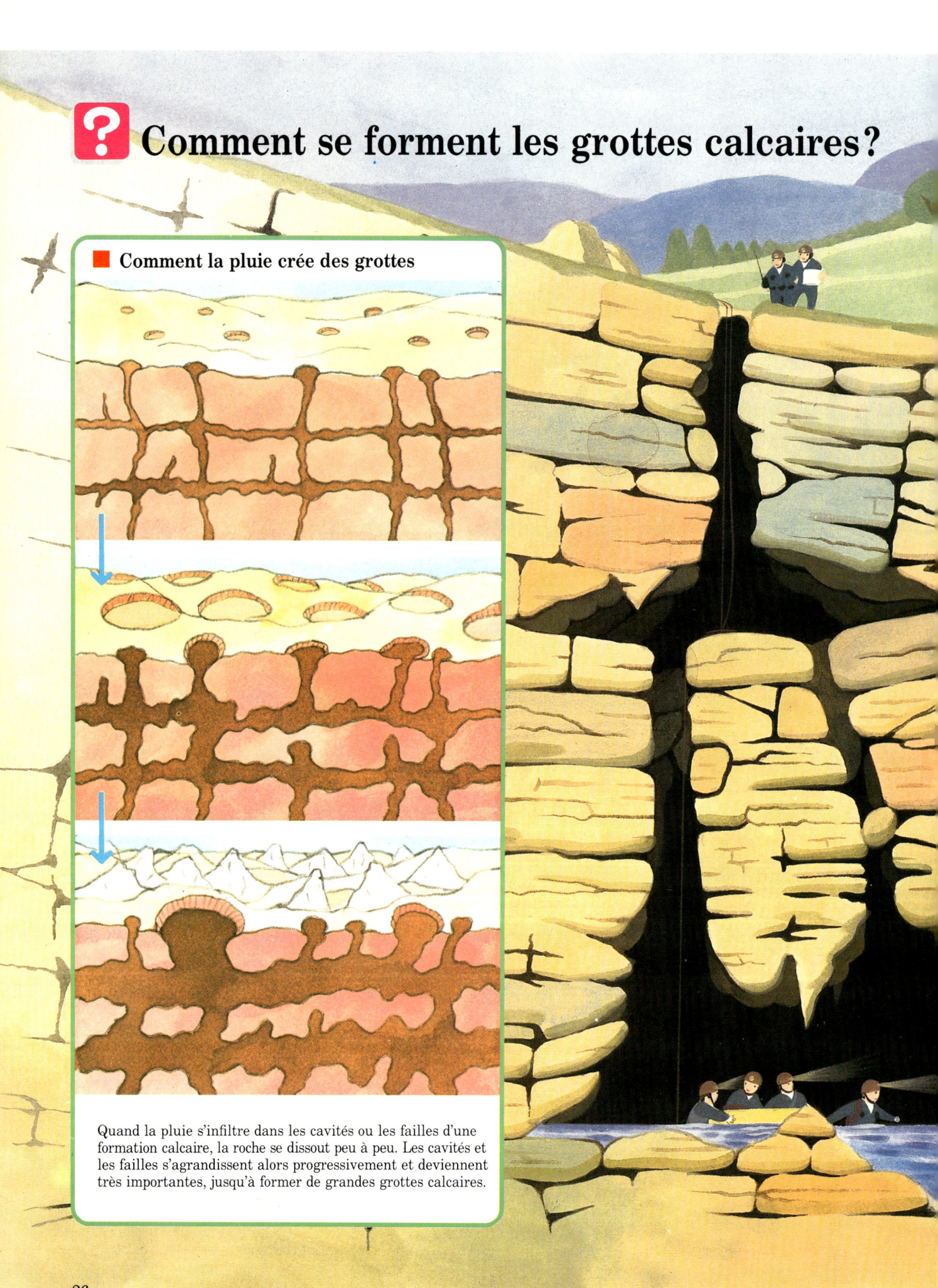

Comment se forment les grottes calcaires?

■ Comment la pluie crée des grottes

Quand la pluie s'infiltre dans les cavités ou les failles d'une formation calcaire, la roche se dissout peu à peu. Les cavités et les failles s'agrandissent alors progressivement et deviennent très importantes, jusqu'à former de grandes grottes calcaires.

L'eau de pluie dissout le calcaire. Alors, si de l'eau s'infiltre dans une formation calcaire, elle y détruit la roche et y fait des trous qui, en s'agrandissant, peuvent devenir de profondes grottes calcaires.

▲ Les dépôts de calcaire qui pendent du haut des grottes sont des stalactites. Ceux qui montent depuis le sol sont des stalagmites.

▲ Ces grottes nous offrent de curieux paysages sculptés par l'érosion. S'il y a de l'eau, les poissons qui y vivent sont en général aveugles.

Comment un geyser peut-il propulser son eau chaude si haut dans le ciel?

RÉPONSE Un geyser est une source chaude qui jaillit de terre périodiquement. Le jet se forme dans un trou profond, sous l'action de l'eau chaude et de divers gaz. Quand la pression de la vapeur et de l'air est suffisante dans le trou, l'eau jaillit, souvent à intervalles réguliers.

Certains geysers jaillissent à un rythme très régulier.

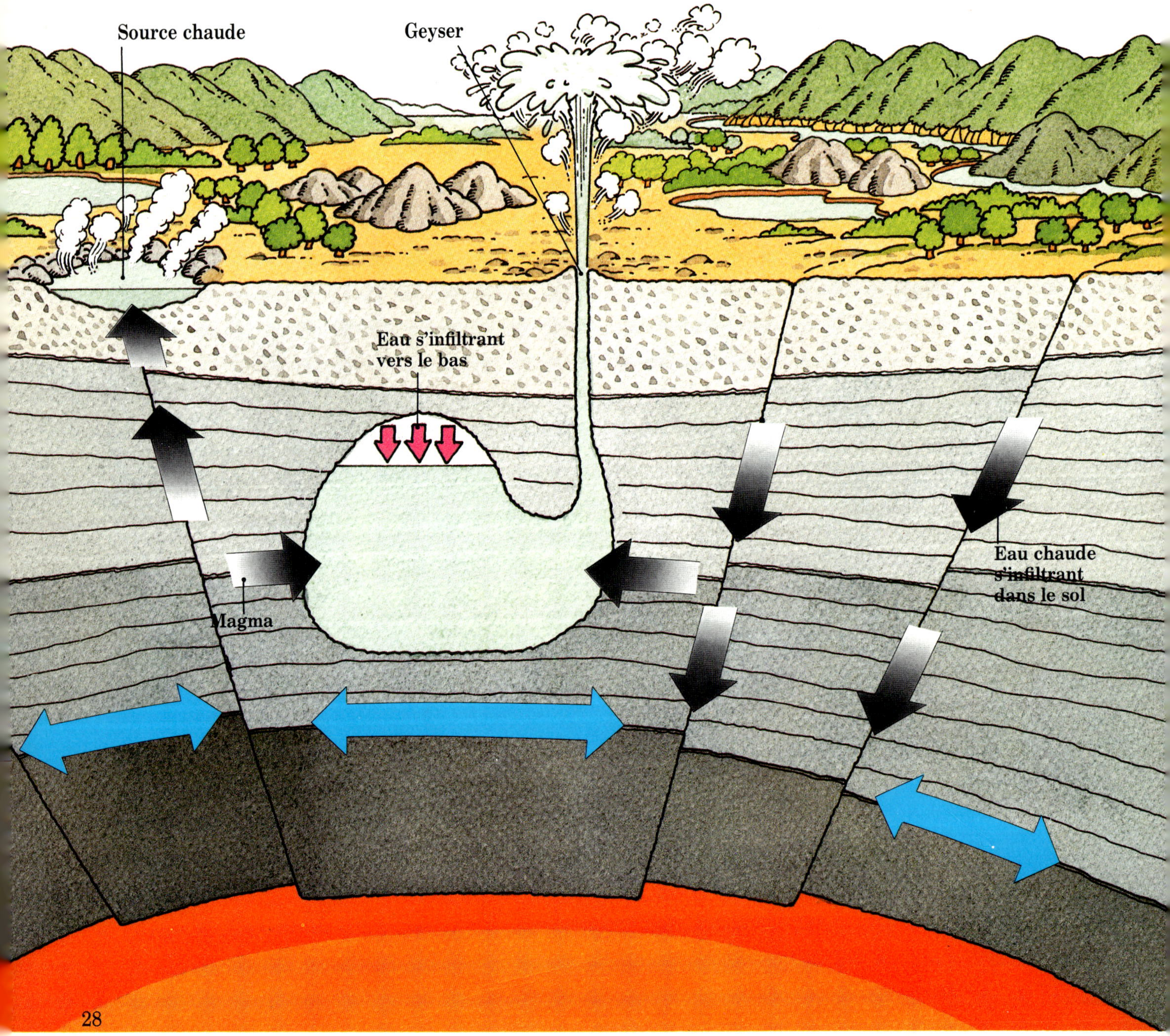

Source chaude

Geyser

Eau s'infiltrant vers le bas

Magma

Eau chaude s'infiltrant dans le sol

Comment fonctionne un geyser

Quand l'eau jaillit d'un geyser, il en reste toujours un peu dans la cavité; le magma la chauffe. De l'eau continue également à s'infiltrer dans cette cavité où elle comprime peu à peu l'air et la vapeur. Quand la pression de la vapeur est suffisante, cela fait jaillir l'eau vers l'extérieur: une colonne s'élance en l'air. Puis, à nouveau, le cycle repart.

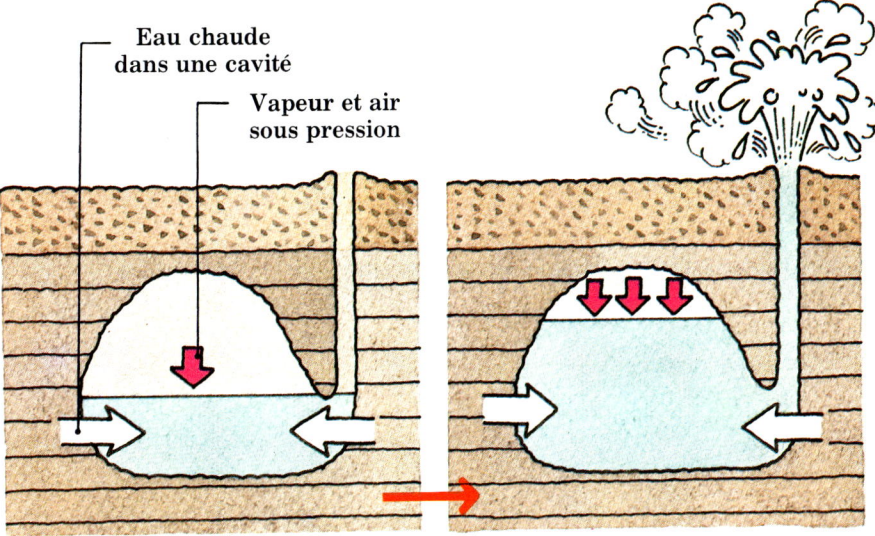

Eau chaude dans une cavité

Vapeur et air sous pression

L'eau s'infiltre dans la cavité

Vapeur et air sous pression

Ils attirent les touristes !

▲ Au parc de Yellowstone, dont la plus grande partie se trouve dans le nord-ouest du Wyoming, il y a 200 geysers et des milliers de sources thermales. Les touristes y viennent eux aussi par milliers.

Old Faithful, la grande attraction de Yellowstone. Il jaillit toutes les 33 à 93 minutes.

● **Pour les parents**

Les geysers ont chacun leur propre rythme. Certains jaillissements se produisent toutes les quelques minutes, d'autres à intervalles moins rapprochés. Les geysers propulsent de l'eau à différentes hauteurs, qui vont de quelques centimètres à 90 mètres. En Nouvelle-Zélande, l'un d'eux a projeté de l'eau jusqu'à 300 mètres, pendant de longues années, avant de s'épuiser.

❓ Jusqu'où va l'atmosphère?

RÉPONSE L'atmosphère, que l'on appelle aussi l'air, entoure la Terre. Elle est dense aux abords de notre planète; elle devient de plus en plus légère en s'en éloignant: à 50 kilomètres d'altitude, sa densité est déjà 1 000 fois moindre; à 1 000 kilomètres, il reste peu d'air.

■ Les couches de l'atmosphère

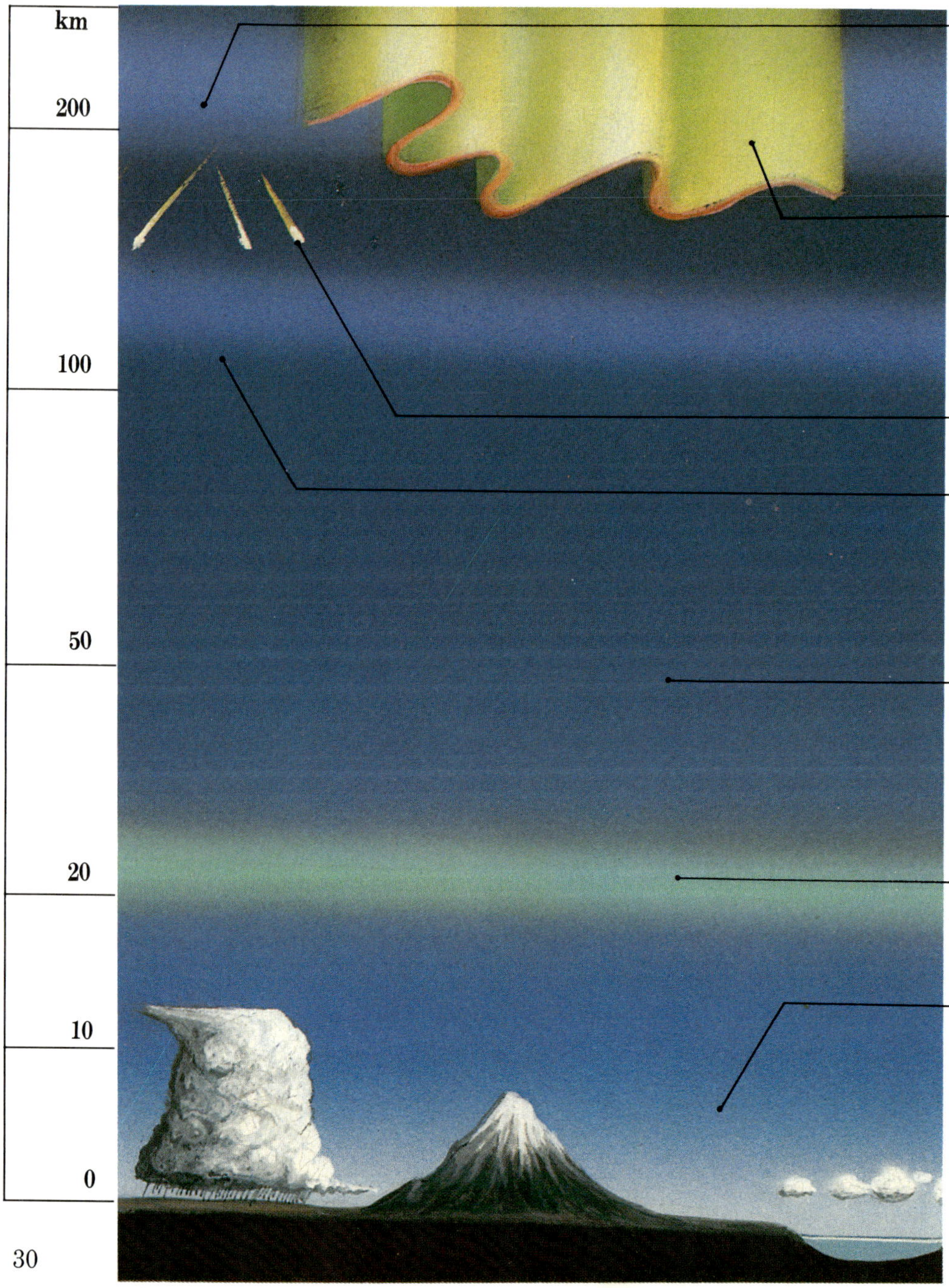

▲ À l'horizon, l'air paraît bleuté.

km

200

100

50

20

10

0

Ionosphère
L'ionosphère est située entre 80 km d'altitude et la limite de l'espace. Son nom lui vient des nombreux atomes chargés (appelés ions) qu'elle contient.

Aurore boréale
Il arrive que des radiations venues de l'espace illuminent le ciel comme une lampe au néon. C'est ce que l'on appelle couramment une aurore boréale.

Étoile filante

Mésosphère

Stratosphère
La stratosphère se trouve juste au-dessous de la mésosphère. Elle contient la couche d'ozone qui permet la vie sur Terre.

Couche d'ozone

Troposphère
La troposphère est la couche de l'atmosphère la plus proche de la Terre. Elle commence à 15 km d'altitude. C'est le théâtre des phénomènes qui déterminent les changements météorologiques.

■ Les gaz atmosphériques proches

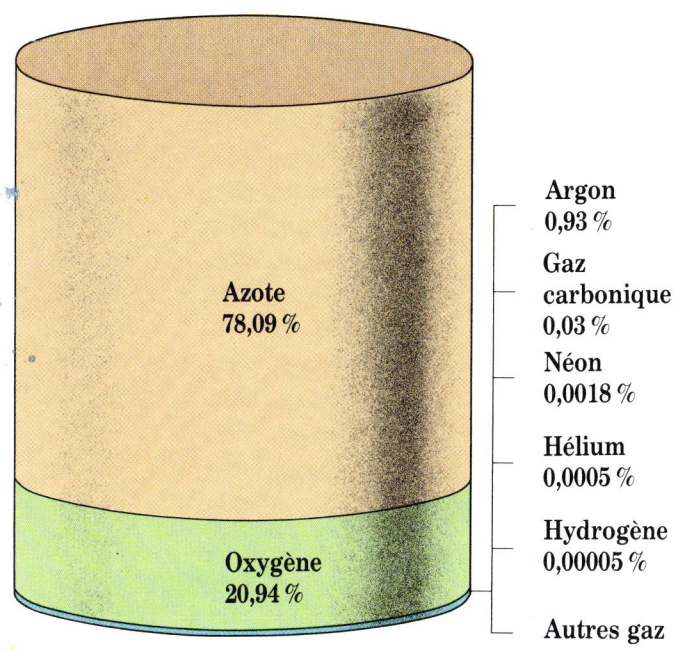

Argon
0,93 %

Gaz
carbonique
0,03 %

Néon
0,0018 %

Hélium
0,0005 %

Hydrogène
0,00005 %

Autres gaz

Azote
78,09 %

Oxygène
20,94 %

L'atmosphère proche de la Terre contient surtout de l'azote et de l'oxygène. Elle contient aussi d'autres gaz, mais en quantités beaucoup plus restreintes.

■ Une étoile filante brille en brûlant

Généralement, les météorites qui viennent de l'espace brûlent dans la mésosphère, où la densité de l'air est suffisante pour créer la friction provoquant leur mort.

Combien pèse l'atmosphère?

C'est au niveau de la mer que l'air pèse le plus lourd (que la pression est la plus forte): un mètre cube d'air y pèse jusqu'à 1 200 grammes; l'air y exerce une pression d'environ 1 033 grammes au centimètre carré (103 kPa). Pour y résister, notre corps doit exercer la même... vers l'extérieur.

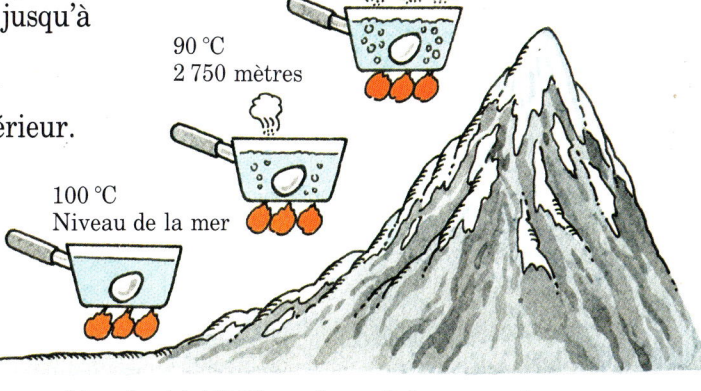

73 °C
8 840 mètres

90 °C
2 750 mètres

100 °C
Niveau de la mer

L'eau bout à 100 °C au niveau de la mer; mais, en altitude, sa température d'ébullition est plus basse.

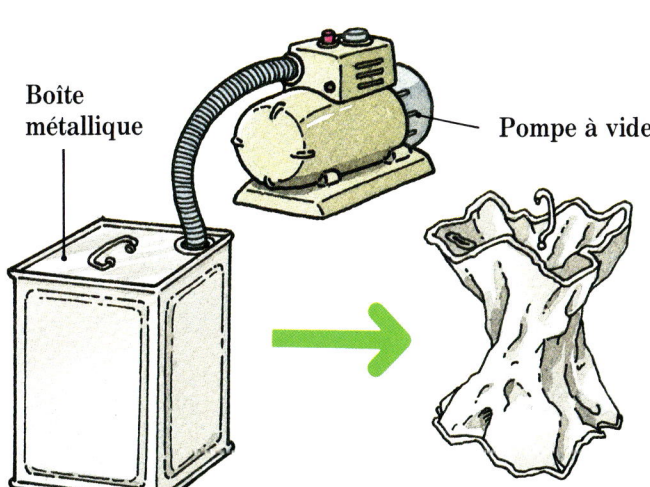

Boîte
métallique

Pompe à vide

Si on pompe tout l'air contenu dans une boîte, il ne peut plus contrebalancer la pression exercée par l'air extérieur. Alors, la boîte est écrasée par la pression extérieure qui s'exerce sur elle.

❓ Pourquoi pleut-il dans les zones à basse pression?

RÉPONSE Quand, dans une zone, la pression atmosphérique est plus basse qu'elle ne l'est tout autour, l'air y coule, comme de l'eau le ferait du haut d'une montagne, ce qui crée des courants ascendants. La vapeur qu'ils contiennent refroidit, donne des nuages et enfin de la pluie.

Air ascendant

Basse pression

L'air alentour est entraîné vers le centre de la zone à basse pression.

Courant d'air froid   **Arrivée du front froid**

■ Différences entre front froid et front chaud

Air chaud

Cumulo-nimbus

Air froid

Air chaud

Nimbo-stratus

Front froid. Quand de l'air froid rencontre de l'air chaud, l'air froid passe en dessous et l'air chaud monte, formant des cumulo-nimbus.

■ Un cyclone non tropical

Un cyclone se produit lorsque des masses d'air froid et d'air chaud se rencontrent. Ailleurs que sous les tropiques, les cyclones s'appellent des trombes ou des tornades.

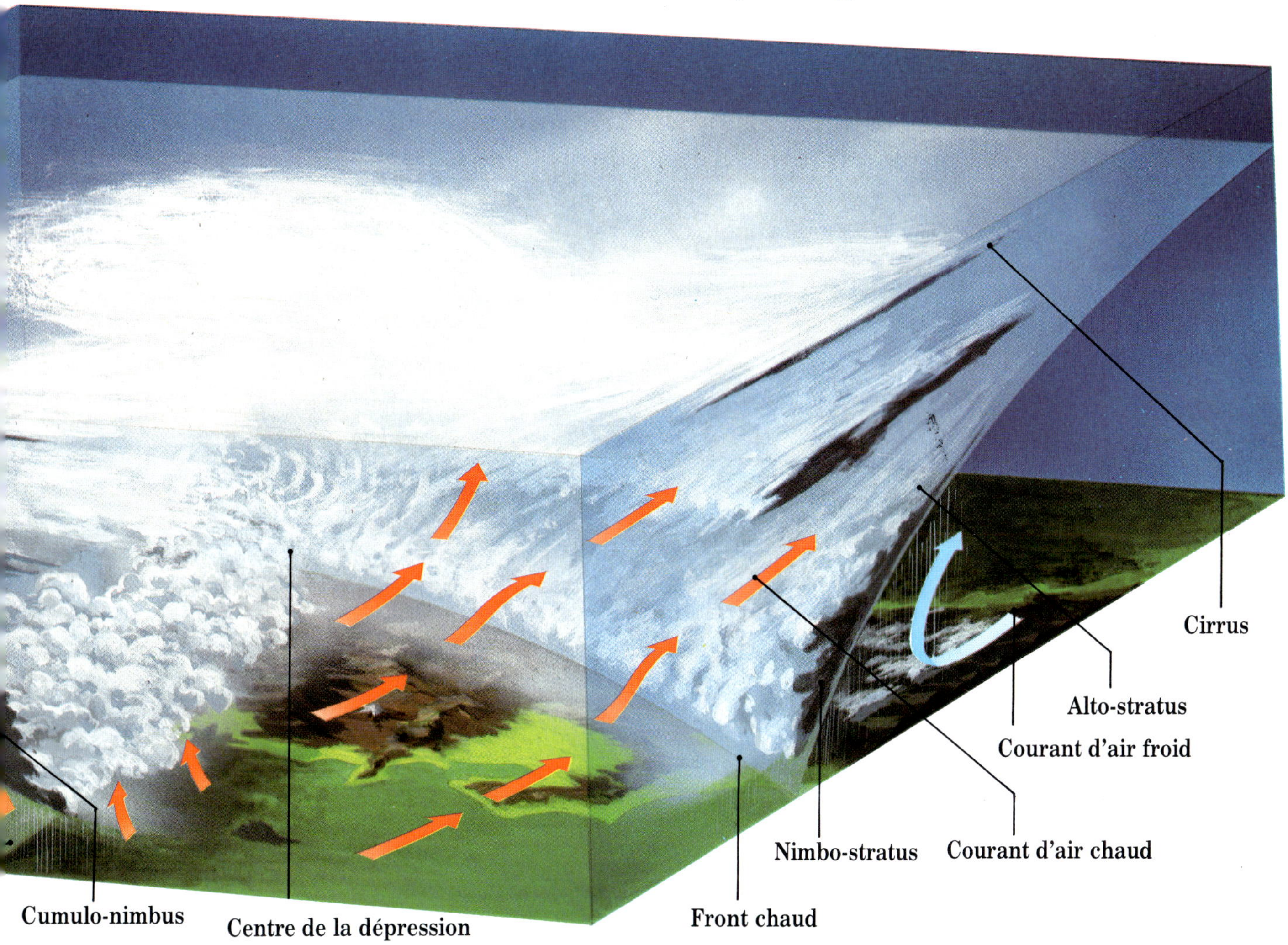

Cirrus

Alto-stratus

Courant d'air froid

Nimbo-stratus

Courant d'air chaud

Front chaud

Cumulo-nimbus

Centre de la dépression

Air froid

Front chaud. Quand de l'air chaud rencontre de l'air froid, il passe au-dessus. Alors, des nimbo-stratus se forment au-dessus du front chaud.

● Pour les parents

Une dépression est une zone à basse pression : la pression atmosphérique y est inférieure à celle qui est alentour. Comme de l'eau qui descend d'une montagne, l'air environnant tend à se diriger vers le centre de la dépression ; mais, du fait de la rotation de la Terre, il est contraint à simplement tourner autour. Un front se forme entre air chaud et air froid ; l'air chaud monte progressivement, tout en se refroidissant. La vapeur contenue dans l'air se transforme en eau ou en glace, et il en résulte des nuages de pluie ; les nuages se forment le long du front. Dans l'hémisphère Nord, l'air d'une zone de dépression tourne dans le sens inverse des aiguilles d'une montre. C'est exactement le contraire dans l'hémisphère Sud.

❓ Comment se forme une tornade?

RÉPONSE Lorsqu'une masse d'air froid passe très vite au-dessus d'une masse d'air chaud et humide, au lieu de passer en dessous, cela crée un déséquilibre. L'air chaud se met à monter à près de 320 km/h. L'air qui s'engouffre par les côtés fait tourner le courant ascendant, créant une tornade, c'est-à-dire une énorme cheminée de vent se déplaçant à 400 km/h. Ces ouragans peuvent se produire n'importe où, mais il y en a beaucoup au centre des États-Unis.

▲ Un tourbillon très violent traverse les États-Unis.

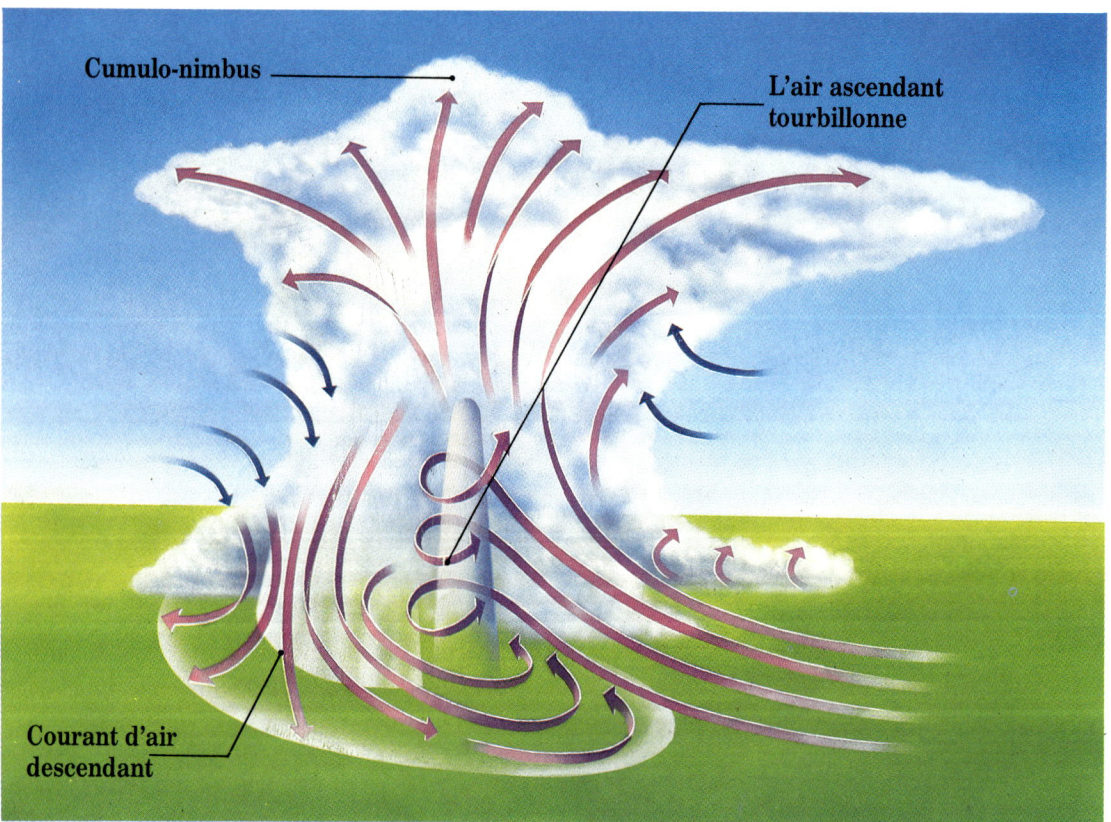

Cumulo-nimbus

L'air ascendant tourbillonne

Courant d'air descendant

L'air qui monte dans un cumulo-nimbus donne naissance à un terrible ouragan.

● Pour les parents

Les tornades sont les ouragans les plus meurtriers. La pression de l'air dans le tourbillon est si basse que l'on a vu des maisons exploser sous la pression de l'air qu'elles contenaient. Les vents sont si violents qu'ils peuvent incruster des pailles dans les troncs d'arbres. L'ouragan transporte des objets, parfois très lourds, qui tombent çà et là et causent d'importants dégâts matériels, tuant aussi humains et animaux.

Le tourbillon peut avoir entre 15 et 350 mètres de diamètre.

Une tornade traverse la région à 100 kilomètres à l'heure.

Elle ne dure que quelques minutes, mais celles-ci sont catastrophiques.

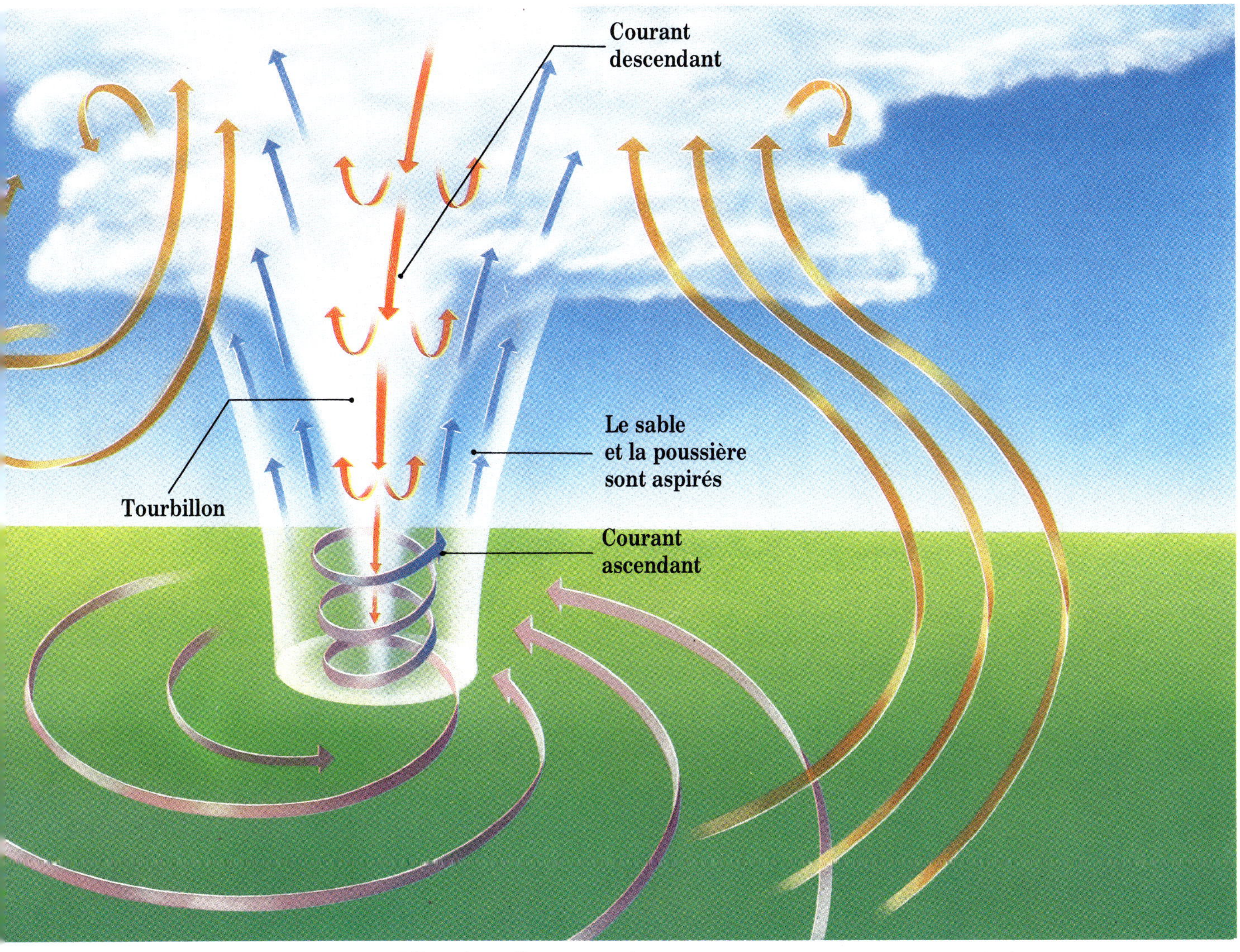

Courant descendant

Tourbillon

Le sable et la poussière sont aspirés

Courant ascendant

L'intérieur d'une tornade : l'air monte au centre, mais il y a aussi des courants descendants.

Qu'est-ce qui provoque la formation d'un glacier?

RÉPONSE Pas plus dans le Grand Nord qu'en montagne, à haute altitude, la neige ne fond l'été. Au contraire, elle gèle et forme de grands champs de glace qui glissent vers le bas. Ces rivières de glace sont des glaciers. Ils sont si grands et si durs qu'ils sont capables de modifier la forme du terrain qu'ils traversent. Ils sont à l'origine de nombreuses formations rocheuses des plus curieuses dans le monde.

J'aurais dû apporter ma luge!

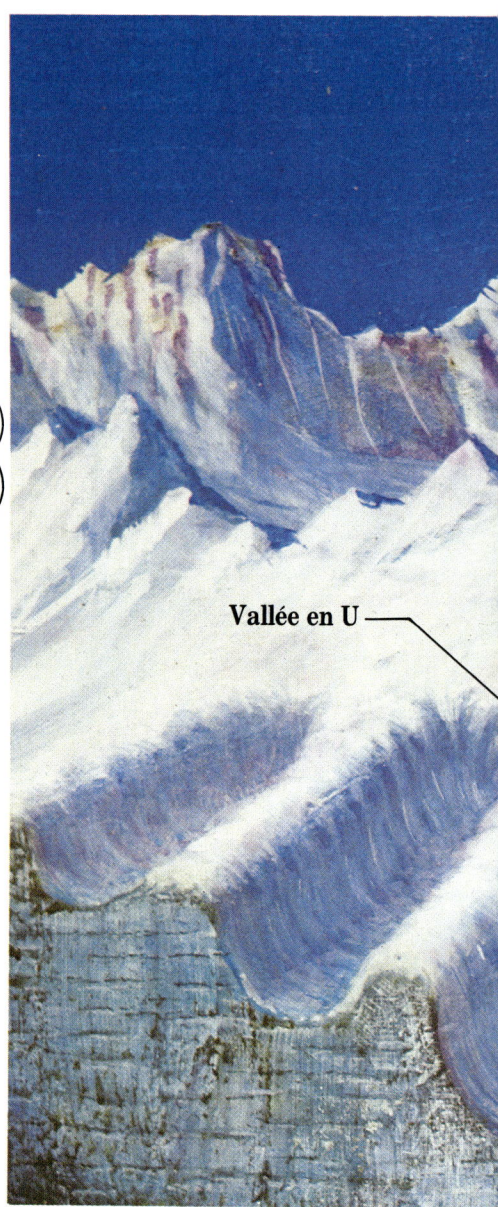

Vallée en U

Les vallées en U ont été sculptées par des glaciers qui sont descendus.

▲ Le glacier du mont Rosa, en Suisse, près du mont Blanc.

● **Pour les parents**

Les glaciers, qui occupent environ 10 % de la surface émergée de la Terre, se forment très haut en montagne, ou loin de l'équateur, là où la neige ne fond jamais. C'est au-delà de la limite des neiges éternelles que la neige ne fond pas. S'il neige beaucoup chaque année, au-dessus de cette ligne, un glacier se forme. Les couches de neige inférieures sont comprimées. La neige s'accumule et deux couches de glace se superposent. Lorsqu'il devient assez important, le glacier descend doucement, de quelques dizaines à quelques centaines de mètres par an.

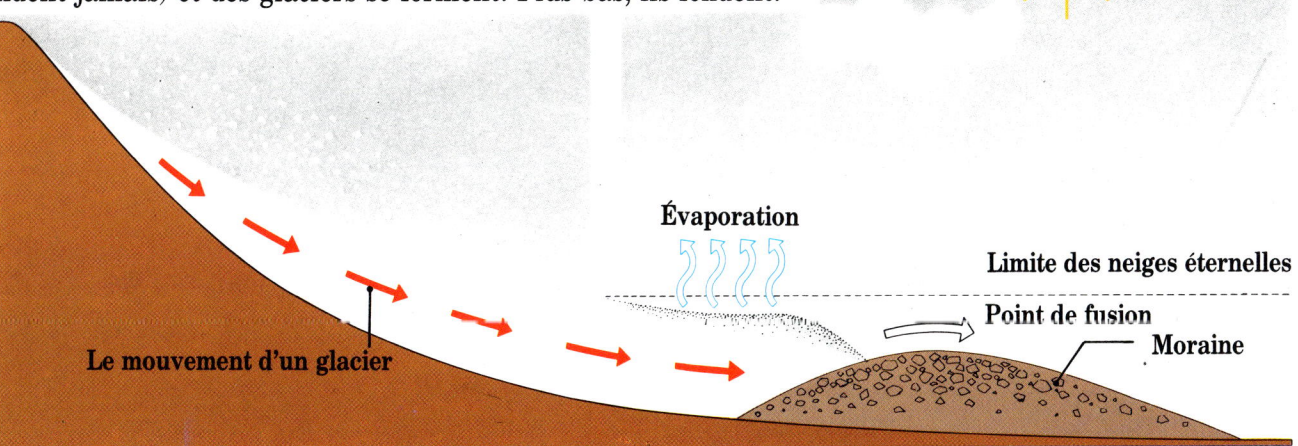

Cirque

Glacier

Moraine

Un cirque est un creux sculpté par un glacier dans une montagne.

Les dessins et les plis à la surface du glacier sont dus à des roches écrasées.

Les moraines sont faites de cailloux et de débris roulés par les glaciers.

■ Les glaciers et la limite des neiges éternelles

Au-delà d'une certaine altitude, les neiges sont éternelles (ne fondent jamais) et des glaciers se forment. Plus bas, ils fondent.

Évaporation

Limite des neiges éternelles

Point de fusion

Moraine

Le mouvement d'un glacier

Comment voyons-nous parfois des choses qui n'existent pas?

RÉPONSE Au soleil, dehors, il nous arrive de voir de l'eau ou une île, alors qu'il n'y en a pas. C'est un mirage. Un mirage n'est rien d'autre qu'une illusion d'optique.

Quand la lumière traverse des couches d'air chaud et d'air froid, elle se courbe. Alors, on croit apercevoir des choses qui, en réalité, n'existent pas du tout.

■ **Dans le désert, on a souvent des mirages**

Dans le désert, il arrive qu'on croie voir, au loin, des arbres ou de l'eau qui n'existent pas.

Quand on s'en approche, la vision disparaît. Il n'est pas possible de toucher un mirage!

Comment les couches d'air créent les mirages

Quand l'eau de mer est très froide, l'air juste au-dessus l'est aussi. Alors, si l'air qui est plus haut est chaud, cela fait deux couches d'air, une chaude et une froide, et, comme la lumière réfléchie par une île (ou tout autre objet éloigné) est déviée quand elle les traverse, l'île (ou l'objet) nous paraît être située ailleurs qu'où elle est en réalité.

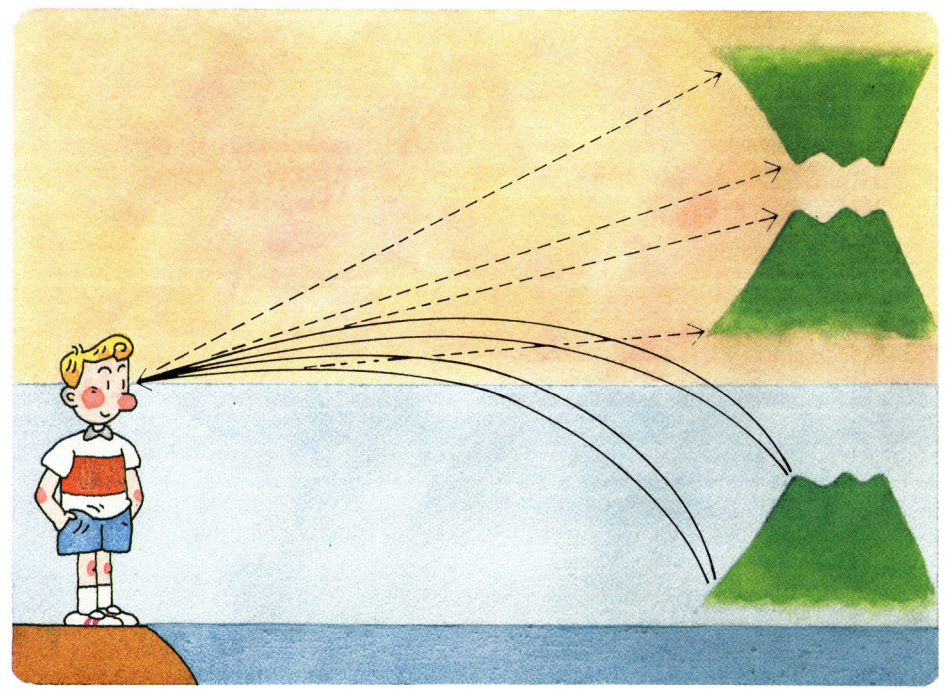

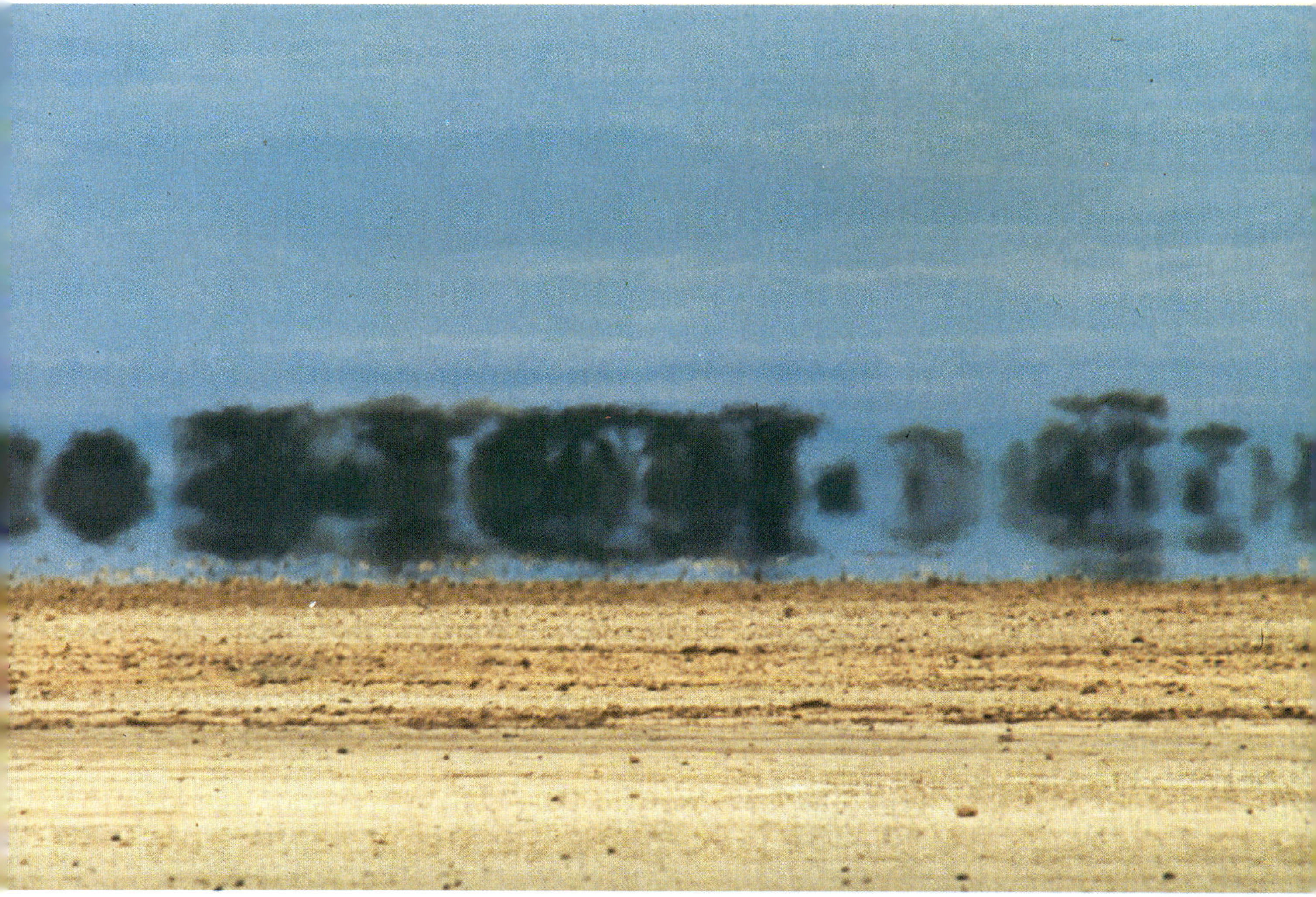

Dans la savane africaine, les vibrations de l'air font croire qu'il y a de l'eau... On parle alors d'effet de fausse surface.

L'effet de fausse surface

Quand le sol est chaud, l'air juste au-dessus l'est aussi. Mais, plus haut, il est froid. Les deux couches se touchent. Elles réfractent les rayons venus de l'atmosphère: on croit voir de l'eau où il n'y en a pas.

▲ **Une fausse surface.** Il n'y a pas d'eau sur la route!

● Pour les parents

Lorsque des couches superposées d'air froid et dense et d'air chaud à faible densité se forment juste au-dessus du sol, on peut voir des mirages. On voit des choses qui n'existent pas vraiment, tout simplement parce que la lumière est réfractée par les deux couches d'air.

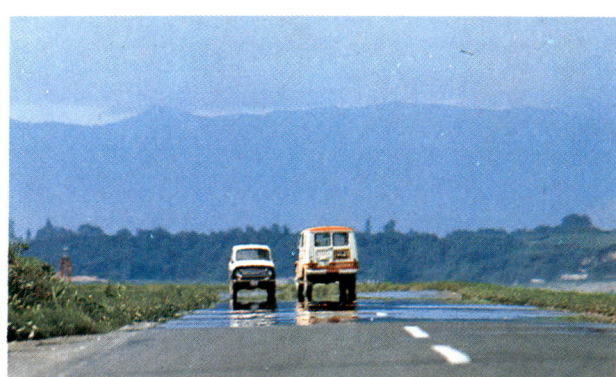

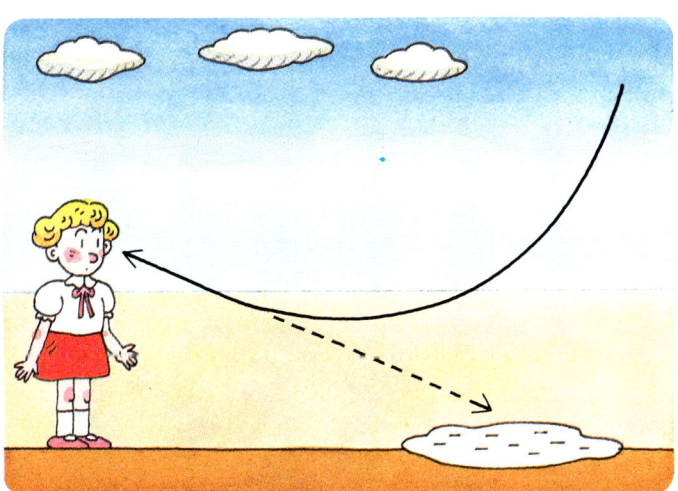

❓ Quand et comment l'univers s'est-il formé?

RÉPONSE Les scientifiques pensent que l'univers est né il y a 20 milliards d'années. Au début il était tout petit. Sa composition était très différente de ce qu'elle est aujourd'hui. Son expansion a débuté très tôt. Et, si on lui a donné le nom de Big Bang, c'est parce qu'elle a été si rapide que ça a été comme une grosse explosion.

Le tout début

+ un million d'années

+ plusieurs millions

Le Big Bang

Avant le Big Bang, l'univers n'était qu'une toute petite boule très dense. Puis il a explosé, ce qui a donné une énorme masse de lumière. On pense que la température a atteint des milliards et des milliards de degrés. Personne, pas même un scientifique, ne peut imaginer ce qu'est une telle chaleur.

L'univers commence à s'éclaircir

Après le Big Bang, l'expansion de l'univers s'est poursuivie. Il s'est lentement refroidi. Au début, il était opaque; peu à peu, il s'est éclairci.

Un superamas

Au début de l'univers, c'était le chaos. Le cosmos n'avait ni forme ni structure. Mais ensuite, au cours de son expansion, la densité de la masse de gaz se répartit de façon inégale. Un nuage se forma et la masse de gaz rétrécit pour former un superamas galactique. Mais, là encore, l'univers était loin d'avoir l'aspect que nous lui connaissons.

Toutes ces zones blanchâtres et brumeuses se sont vite transformées en galaxies. Il y en a trop pour les compter !

...nées

+ vingt milliards d'années

Aujourd'hui

Le superamas a éclaté pour former des groupes galactiques plus petits contenant des galaxies spirales et des galaxies elliptiques. Toutes ces galaxies renferment les millions d'étoiles qui composent notre univers.

41

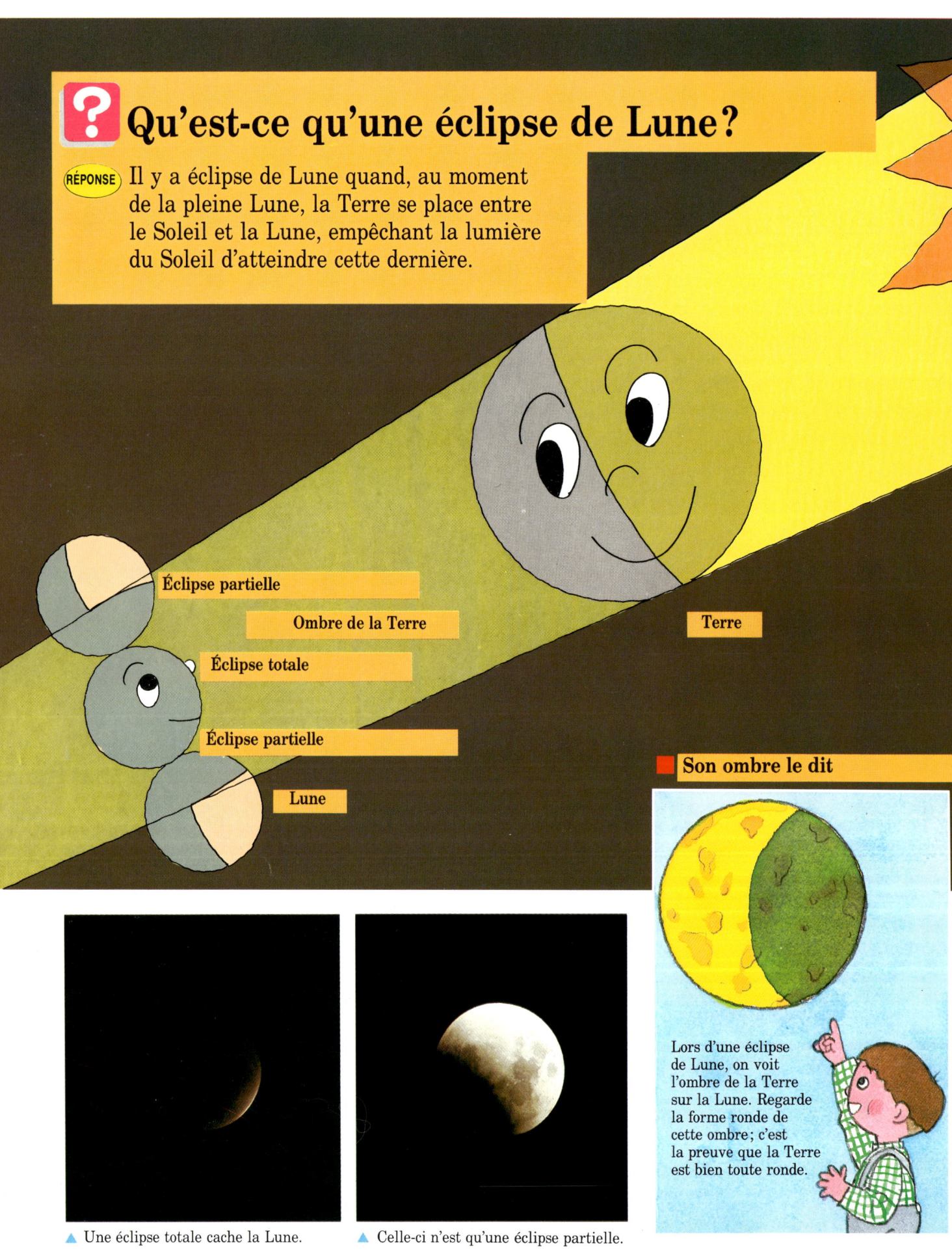

Qu'est-ce qu'une éclipse de Lune?

RÉPONSE Il y a éclipse de Lune quand, au moment de la pleine Lune, la Terre se place entre le Soleil et la Lune, empêchant la lumière du Soleil d'atteindre cette dernière.

Éclipse partielle

Ombre de la Terre

Éclipse totale

Éclipse partielle

Lune

Terre

Son ombre le dit

Lors d'une éclipse de Lune, on voit l'ombre de la Terre sur la Lune. Regarde la forme ronde de cette ombre; c'est la preuve que la Terre est bien toute ronde.

▲ Une éclipse totale cache la Lune.   ▲ Celle-ci n'est qu'une éclipse partielle.

42

Soleil

Si une maison bloque la lumière du Soleil et fait de l'ombre, et si tu marches dans cette ombre, tu te trouves dans la même situation que la Lune pendant une éclipse.

■ **Pourquoi y a-t-il des éclipses?**

Quand le Soleil, la Terre et la Lune sont alignés, la Lune est dans l'ombre de la Terre et il y a alors éclipse de Lune.

Lune Terre Soleil

◄ **Évolution d'une éclipse de Lune**

Au cours d'une éclipse totale, la Lune est toute sombre, mais elle paraît rouge, et non pas noire. C'est parce que la lumière du Soleil est diffusée par l'atmosphère de la Terre et que seuls ses rayons rouges pénètrent l'ombre.

● **Pour les parents**

Une éclipse de Lune se produit lorsque le Soleil, la Terre et la Lune sont alignés. La Terre bloque la lumière du Soleil. La Lune est alors dans son ombre. Quand la Lune est complètement obscurcie, c'est une éclipse totale. Lorsque seule une partie de la Lune est dans l'ombre, c'est une éclipse partielle. Pendant une éclipse, on voit encore la Lune mais elle est toute sombre.

À quelle distance de la Terre sont les étoiles?

RÉPONSE Les étoiles ne sont pas toutes situées à la même distance de la Terre. Pour calculer celle d'une étoile, on opère une triangulation basée sur l'orbite de la Terre autour du Soleil.

Sirius
8,7 années-lumière

Altaïr
16 années-lumière

Véga
25 années-lumière

Alpha du Centaure
4,3 années-lumière

Pluton
5 heures
27 minutes

Le Soleil
8 minutes
19 secondes

La Lune
1,3 seconde

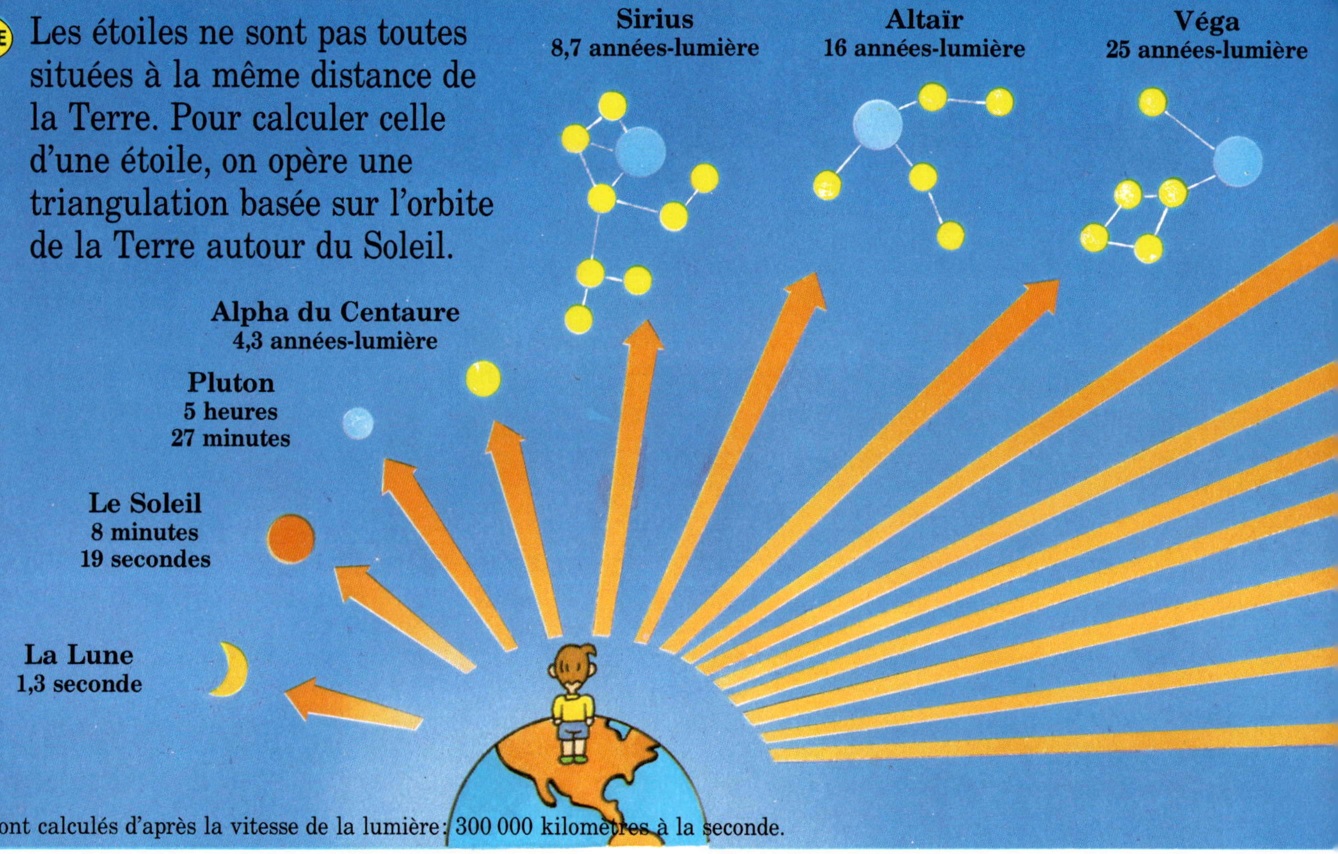

Les chiffres sont calculés d'après la vitesse de la lumière: 300 000 kilomètres à la seconde.

Comment calculer la distance par triangulation

On peut calculer la distance d'un arbre à un point en l'observant depuis deux autres points, A et B, situés de part et d'autre du premier: on calcule l'angle formé par l'arbre et les points A et B. Cette méthode peut également être utilisée pour calculer la distance des étoiles proches. La Terre tourne autour du Soleil (S); elle passe en A, puis en B. Pour calculer la distance d'une étoile (C) à la Terre, il faut mesurer l'angle ACS, formé par le Soleil, l'étoile et le point A; soit $^1/_2$ de ACB. C'est ce qu'on appelle la parallaxe annuelle. Le rayon de l'ellipse de la Terre autour du Soleil étant connu, si on calcule l'angle de la parallaxe annuelle d'une étoile proche, on peut en tirer sa distance à la Terre.

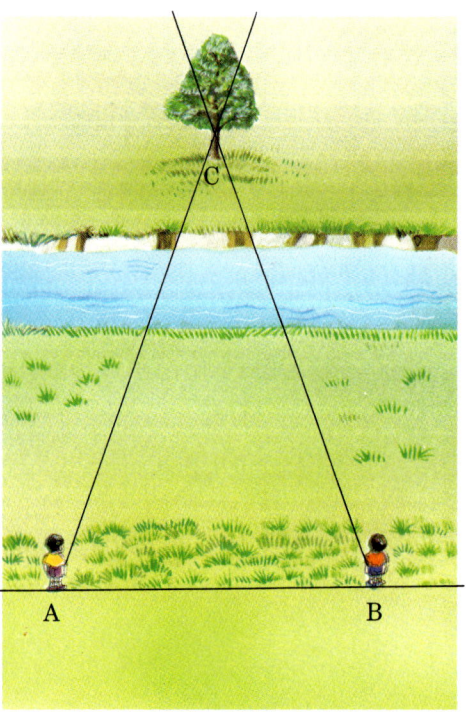

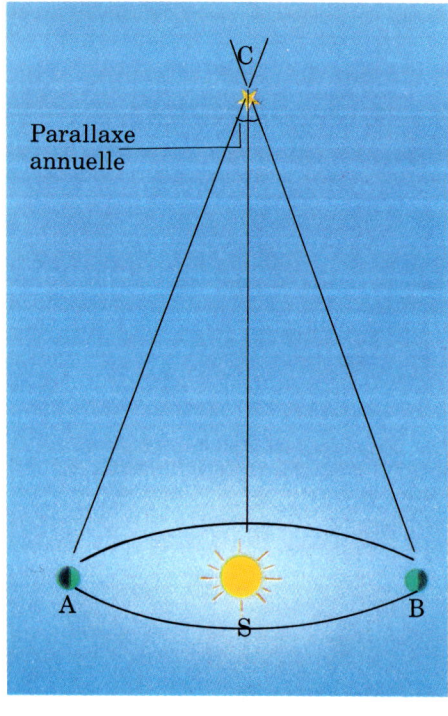

Parallaxe annuelle

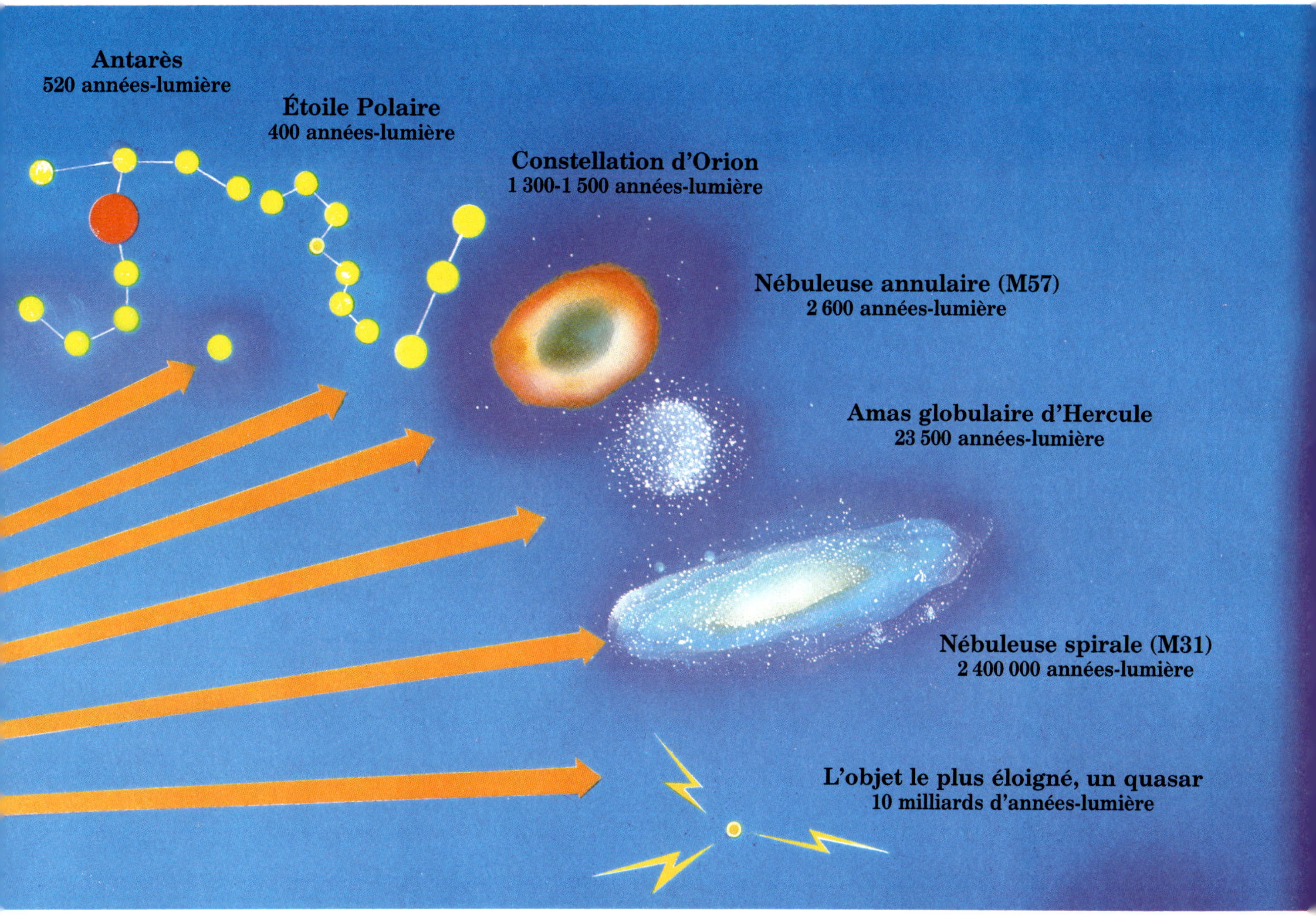

Antarès
520 années-lumière

Étoile Polaire
400 années-lumière

Constellation d'Orion
1 300-1 500 années-lumière

Nébuleuse annulaire (M57)
2 600 années-lumière

Amas globulaire d'Hercule
23 500 années-lumière

Nébuleuse spirale (M31)
2 400 000 années-lumière

L'objet le plus éloigné, un quasar
10 milliards d'années-lumière

■ Une autre façon de mesurer la distance

Différents types d'étoiles émettent différents spectres de lumière. Pour connaître la distance d'une étoile éloignée, on étudie la lumière qu'elle émet. En comparant cette lumière à ce qu'elle serait si l'étoile était toute proche, on peut calculer la distance.

Une année-lumière est la distance parcourue en un an par la lumière dont la vitesse est de 300 000 km/seconde.

La distance des étoiles à la Terre est trop importante pour qu'on puisse la mesurer directement. On peut cependant calculer l'éloignement des étoiles proches à l'aide de leur parallaxe annuelle. Mais l'angle n'est pas suffisant pour les étoiles lointaines. Dans ce cas, on étudie le spectre d'une étoile pour trouver sa magnitude.

Pourquoi flotte-t-on quand on est dans un vaisseau spatial?

RÉPONSE Dans un vaisseau spatial en orbite, ni les personnes ni les choses n'ont de poids. À cause de la force de gravité, le vaisseau «tombe» tout le temps, autour de la Terre. Les objets et les astronautes qui sont à l'intérieur tombent en même temps que lui; ils n'ont donc pas de poids et flottent.

Tant que la balance et la pomme tombent toutes les deux ensemble, la pomme ne pèse rien.

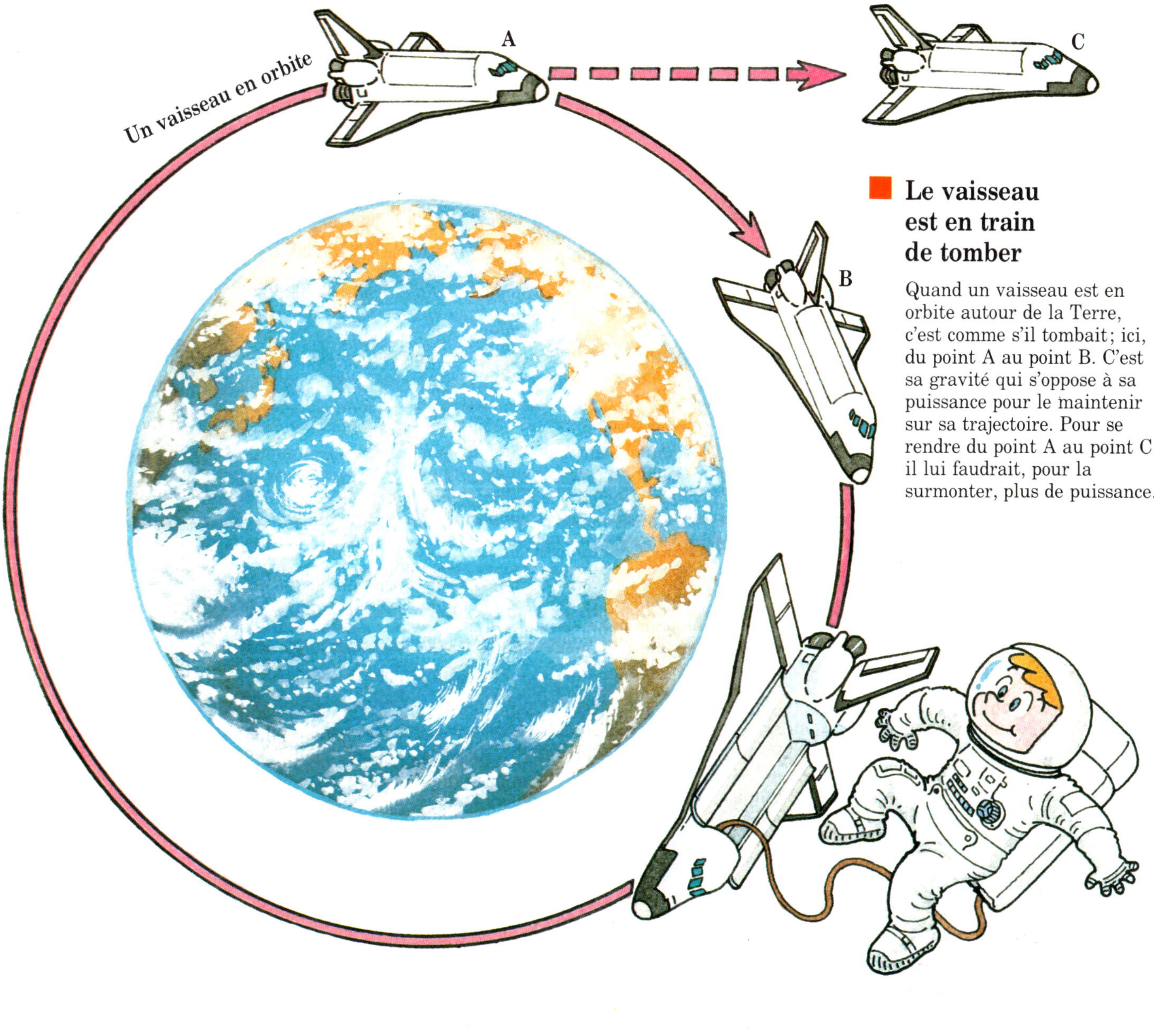

Un vaisseau en orbite

A

C

Le vaisseau est en train de tomber

Quand un vaisseau est en orbite autour de la Terre, c'est comme s'il tombait; ici, du point A au point B. C'est sa gravité qui s'oppose à sa puissance pour le maintenir sur sa trajectoire. Pour se rendre du point A au point C, il lui faudrait, pour la surmonter, plus de puissance.

B

Il se passe des choses curieuses en apesanteur

Sur la Terre, la force de gravité fait tomber les objets dès qu'on les lâche. Mais dans l'espace c'est différent: on est en état d'apesanteur.

Tout ce qui n'est pas attaché flotte. Si on lâche un outil, ou tout autre objet, il ne tombe pas, il flotte dans l'air.

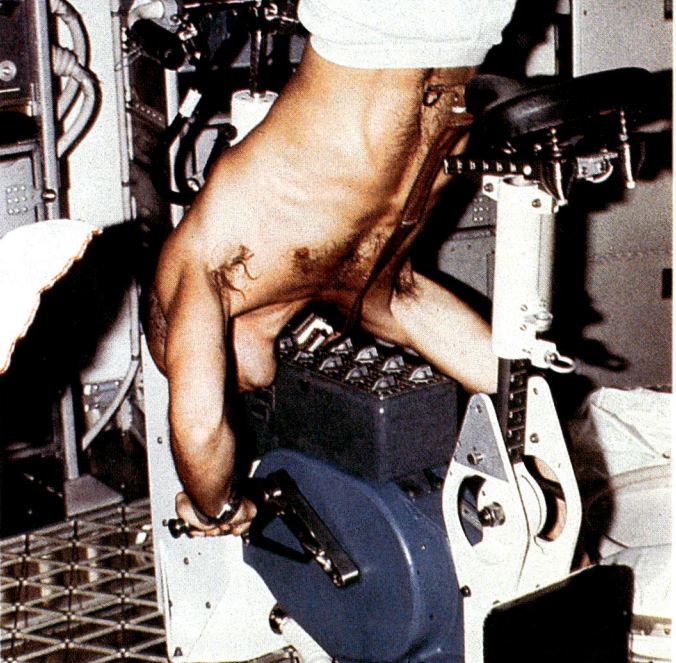

▲ Un astronaute au travail dans son vaisseau.

Une araignée tisse sa toile en apesanteur

Judith Miles, une jeune Américaine, a proposé une expérience à réaliser à bord de la navette spatiale. Elle voulait savoir si une araignée pourrait tisser sa toile en apesanteur. Lors de son premier essai, l'araignée n'a pas réussi, mais lors du deuxième, si.

▲ **Araignée tissant sa toile en apesanteur**

Si on renverse de l'eau, elle se sépare en gouttes de différentes tailles qui flottent.

● **Pour les parents**

Un vaisseau en orbite dans l'espace est en chute libre sur une trajectoire parallèle à la courbure de la Terre. La gravité est donc neutralisée dans l'espace, comme dans un ascenseur en chute libre. On s'y trouve en apesanteur. Dans un vaisseau en orbite, les individus et les objets ne sont plus soumis à la gravitation; et la notion de poids, telle qu'on la connaît sur Terre, n'existe plus. C'est comme si les choses ne pesaient plus rien du tout.

La lumière du Soleil est-elle blanche?

RÉPONSE La lumière du Soleil est faite d'un mélange de sept couleurs : violet, indigo, bleu, vert, jaune, orangé et rouge. À travers un prisme, on voit très bien ces sept couleurs : elles apparaissent séparées, comme dans un arc-en-ciel. C'est que, quand la lumière pénètre dans un prisme, chaque couleur est déviée selon un angle qui lui est propre et se sépare des autres. C'est le violet qui est le plus dévié, le rouge le moins.

On appelle dispersion cette façon qu'ont les sept couleurs de la lumière de se séparer.

▲ Les sept couleurs se séparent en traversant le prisme.

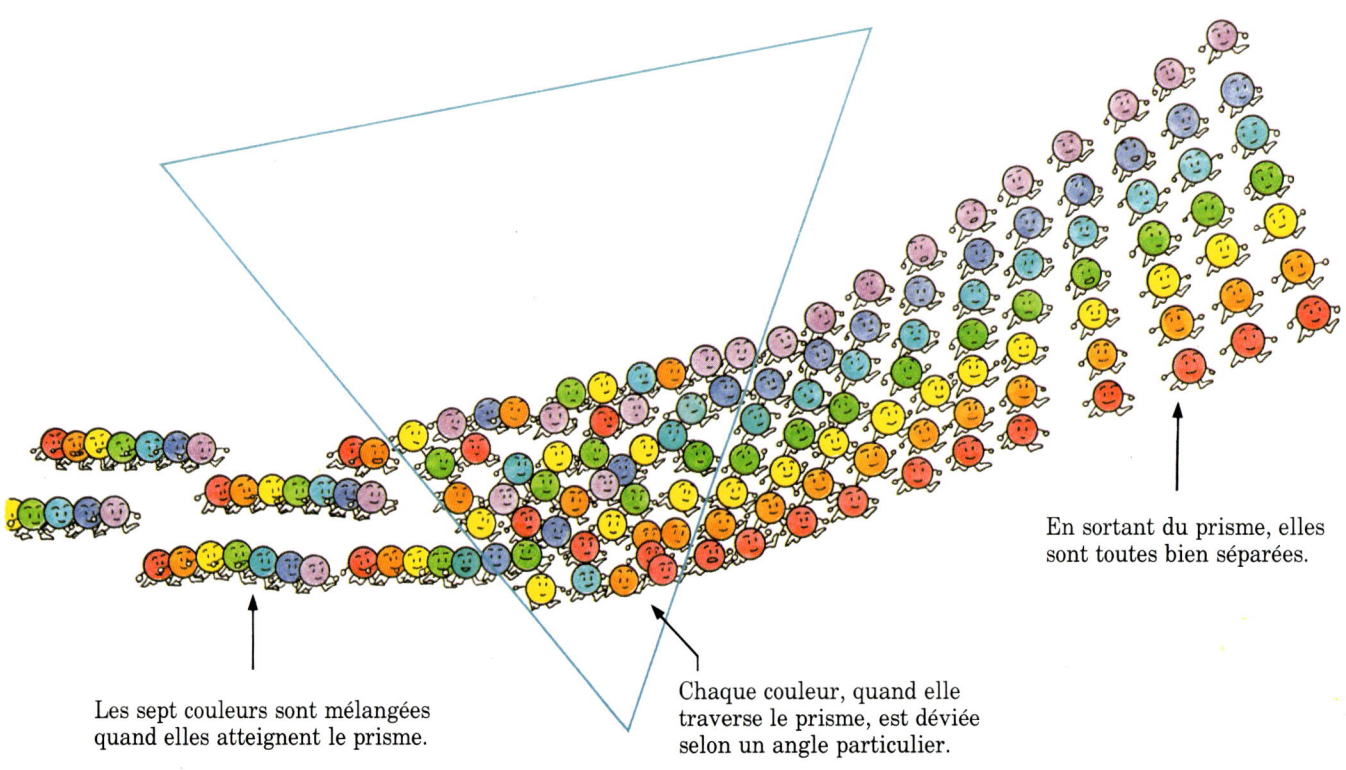

Les sept couleurs sont mélangées quand elles atteignent le prisme.

Chaque couleur, quand elle traverse le prisme, est déviée selon un angle particulier.

En sortant du prisme, elles sont toutes bien séparées.

Quand, après la pluie, on voit un arc-en-ciel dans le ciel, c'est qu'on regarde la frontière entre le Soleil et la pluie. À cet endroit, en effet, la lumière du Soleil traverse un rideau de gouttes de pluie qui la décompose, comme le feraient des milliers de petits prismes. L'un des bords de l'arc-en-ciel est violet, l'autre rouge; les cinq autres couleurs apparaissent entre les deux. Sais-tu que tu peux très facilement faire un arc-en-ciel toi-même? Voici trois méthodes.

Oriente un miroir, plongé dans l'eau, de sorte que la lumière se réfléchisse sur un mur. Tu verras sept couleurs séparées.

Mets-toi le dos au Soleil et fais de la pluie avec un arrosoir. Tu verras l'arc-en-ciel au travers des gouttes qui tombent.

Si la lumière arrive, par un petit trou dans un carton, sur une bouteille ronde, les sept couleurs sont réfléchies sur le carton.

Alors pourquoi la lumière du Soleil nous paraît-elle blanche?

Le rouge, le bleu et le vert sont les couleurs primaires. Toutes les autres sont un mélange fait à partir d'elles. Or, si on mélange ces couleurs primaires, on obtient du blanc.

Si, au contraire, on mélange les trois couleurs primaires, on obtient du blanc.

 Si on superpose du rouge, du bleu et du vert, on obtient du blanc.

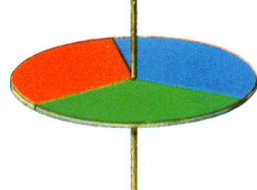

Disque peint en rouge, en bleu et en vert.

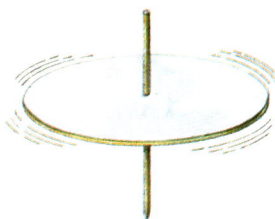

Quand on le fait tourner, on dirait qu'il est blanc.

Pourquoi y a-t-il de la fumée noire, mais aussi de la fumée blanche ou grise ?

RÉPONSE La couleur de la fumée dépend de ce qu'il y a dedans. Quand elle contient de l'humidité, elle est blanche. Si elle est noire, c'est qu'elle contient de la suie ; grise, plutôt des cendres.

▲ Les cheminées d'usines font de la fumée.

RÉPONSE ❷ La fumée blanche contient de la vapeur d'eau. Alors, parfois, elle paraît bleue. Quand la lumière du Soleil, qui est composée des sept couleurs, la traverse, en effet, le bleu est diffusé. On ne le voit bien qu'au crépuscule, quand le ciel s'assombrit. Pendant le jour, la fumée est blanche.

La fumée est noire quand elle ne contient pas assez d'oxygène

Pour que quelque chose brûle, il faut de l'oxygène. S'il y en a suffisamment, tout se consume très bien. S'il n'y en a pas assez, ce qui ne brûle pas donne de la suie et la fumée est, à cause d'elle, toute noire.

Si le feu n'a pas assez d'oxygène, la fumée contient beaucoup de suie ; elle est noire.

● Pour les parents

La couleur de la fumée dépend de sa composition. La fumée blanche contient de l'humidité, qui était présente dans le combustible. La fumée noire contient des particules de carbone dont la présence résulte d'une mauvaise combustion. La fumée grise contient des cendres dues à un combustible de mauvaise qualité. Il arrive que la fumée blanche paraisse bleue. C'est parce que les composants bleus de la lumière sont diffusés par l'humidité contenue dans la fumée. Vue sous un autre angle, elle aura l'air blanche.

? Pourquoi ne voit-on pas les odeurs?

RÉPONSE Les odeurs sont dues à des molécules qui flottent dans l'air. Ces dernières sont si petites qu'on ne les voit pas. Mais elles stimulent le nez, qui envoie un message au cerveau et nous fait sentir les choses.

▲ Certaines fleurs sentent particulièrement bon.

Quelle est la différence entre une bonne et une mauvaise odeur?

Les bonnes odeurs nous plaisent. Les mauvaises odeurs nous agacent. Nous n'aimons pas les mauvaises odeurs; pourtant, il arrive qu'elles soient utiles. Des effluves peuvent, par exemple, nous avertir que des aliments sont gâtés et peuvent nous rendre malades si nous les mangeons.

En général, les gens aiment l'odeur des fleurs, pas celle des aliments avariés!

Une odeur qui plaît à quelqu'un ne plaît pas forcément à quelqu'un d'autre. La nourriture que l'on aime paraît sentir bon, celle que l'on n'aime pas semble, en revanche, sentir extrêmement mauvais.

Une odeur peut plaire ou ne pas plaire... Cela dépend du goût de chacun!

On utilise le musc pour faire des parfums. Cela vient du cerf. À l'état brut, le musc sent fort et plutôt mauvais. Mais, dilué dans l'alcool, à très petites doses, il a une odeur agréable. Trop de molécules peuvent devenir désagréables, même si c'est une odeur que l'on aime d'habitude.

Le musc naturel est trop fort...   mais le musc dilué sent bon!

Le cerf dont on utilise le musc vit en Asie. On ne prend que le musc de l'animal mâle.

● **Pour les parents**

L'odorat correspond à la détection, par des nerfs situés derrière le nez, de composants chimiques en suspension dans l'air. La nourriture, les fleurs et toutes les autres sources aromatiques émettent des molécules invisibles à l'œil nu. Elles flottent dans l'air jusqu'à ce qu'elles rencontrent les cellules olfactives de notre nez, qui stimulent certains de nos nerfs et, par là même, notre sens de l'odorat.

❓ Pourquoi les balles de golf ne sont-elles pas lisses?

RÉPONSE À la surface des balles de golf, il y a des tas de petits creux. On dit souvent des alvéoles. C'est grâce à eux que la balle va si loin! Elle va bien trois fois plus loin que si elle n'en avait pas.

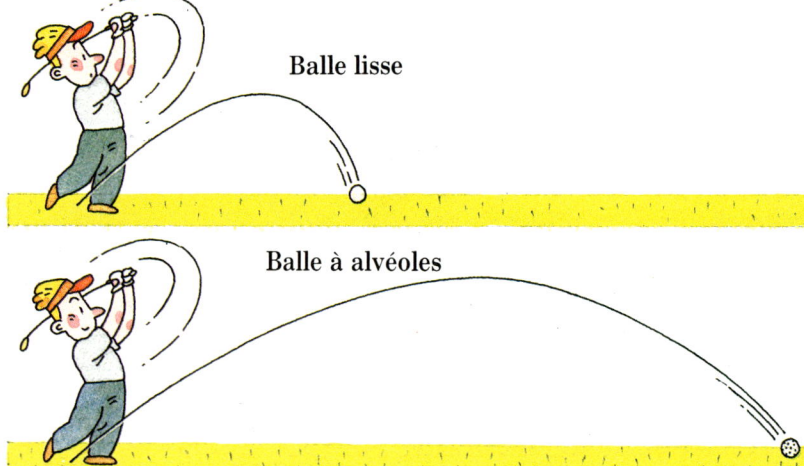

Balle lisse

Balle à alvéoles

■ L'intérieur d'une balle de golf

Au centre, il y a une balle en caoutchouc très dur ; elle est enveloppée de différentes couches de fins fils élastiques. La couche externe est parsemée de petits alvéoles. Leur disposition et leur profondeur ne sont pas les mêmes pour toutes les balles. D'où l'importance, pour les golfeurs, du choix de leur balle qui est fonction de la hauteur et de la distance qu'elle doit parcourir.

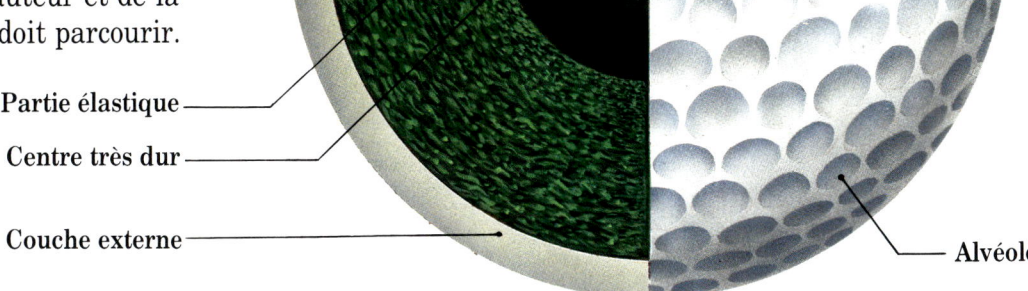

Partie élastique ——————

Centre très dur ——————

Couche externe ——————

Alvéole ——————

 ## Pourquoi la balle va-t-elle plus loin quand elle a des alvéoles ?

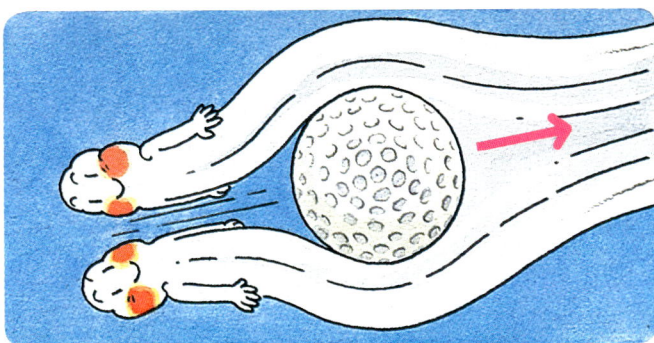

Les alvéoles aident l'air à glisser rapidement derrière la balle pour qu'il la pousse et la fasse avancer bien plus rapidement.

Quand elle vole, la balle tourne sur elle-même, mais en arrière. Ce mouvement l'aide à monter.

C'est la poussée dynamique qui fait voler les avions et les cerfs-volants.

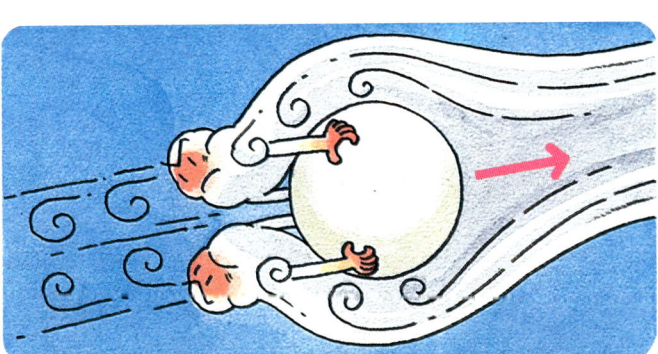

S'il n'y avait pas d'alvéoles, les courants d'air atteindraient moins vite l'arrière de la balle, qui serait alors plus lente.

• Pour les parents

Une balle usée et rayée va plus loin qu'une balle toute neuve et complètement lisse. Avant que les fabricants n'ajoutent des alvéoles à leurs balles, les golfeurs eux-mêmes, qui s'étaient aperçus de ce phénomène, y faisaient des entailles. La disposition et la profondeur des alvéoles répondent aux lois de l'aérodynamique. Un millième de centimètre peut changer la trajectoire de la balle.

Pourquoi·est-ce que, au tennis, une balle «coupée» est si difficile à rattraper?

RÉPONSE Quand, au tennis, on «coupe» une balle, elle tourne sur elle-même en se déplaçant et sa trajectoire est, par là même, déviée. Si on est droitier, elle est déviée vers la gauche; si on est gaucher, elle est, au contraire, déviée vers la droite.

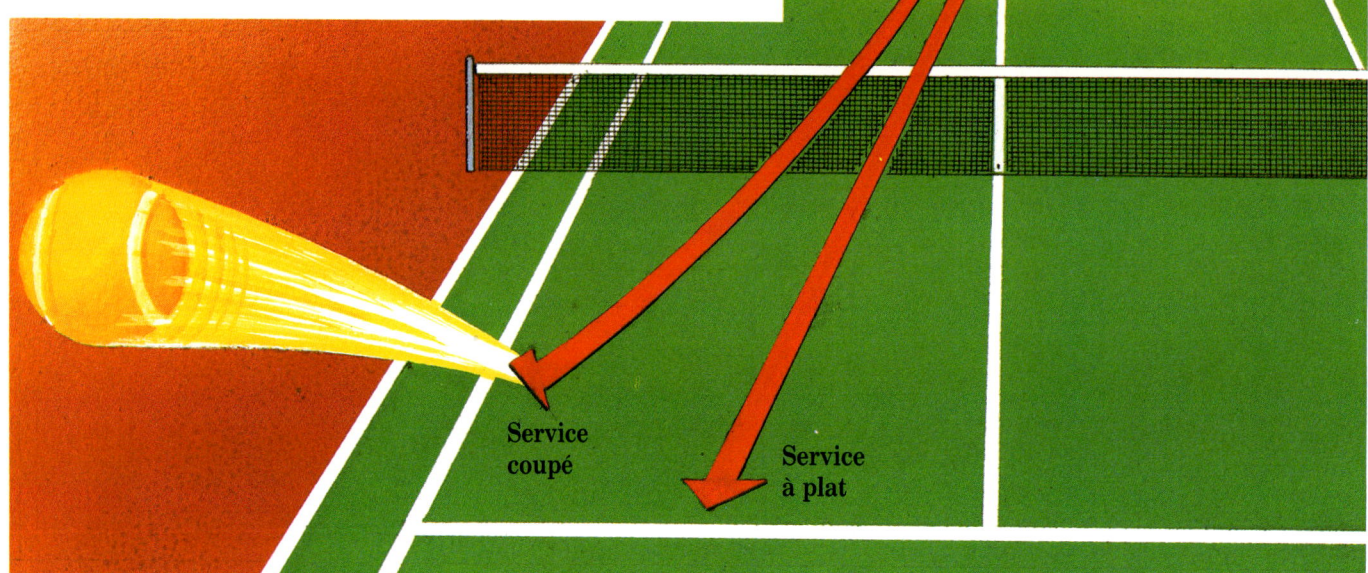

Service coupé

Service à plat

■ Comment on coupe une balle

La raquette descend et frappe la balle de façon qu'elle tournoie vers la droite.

La raquette prend la balle par en dessous et l'envoie tournoyer vers la droite.

Frappée par en dessous, la balle tourne vers la droite.

■ Comment la balle dévie

La rotation de la balle force l'air à circuler plus vite d'un côté. Attirée vers le côté le plus rapide, la balle est déviée.

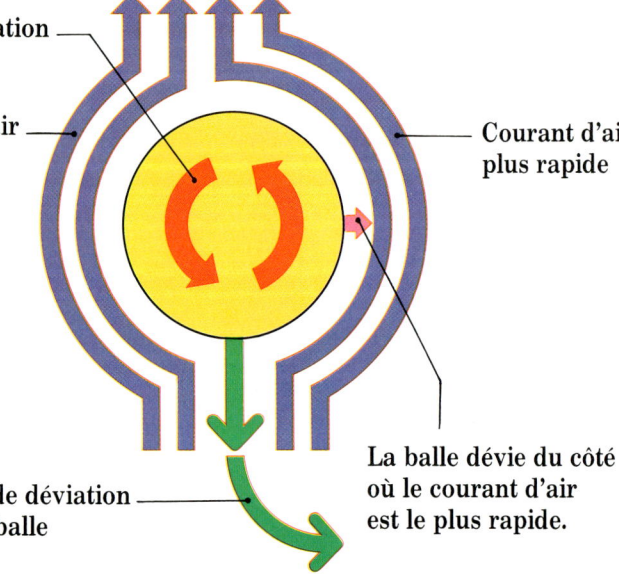

Sens de rotation de la balle

Courant d'air plus lent

Courant d'air plus rapide

La balle dévie du côté où le courant d'air est le plus rapide.

Sens de déviation de la balle

Pourquoi, après un service lifté, la balle retombe-t-elle si vite?

Un service lifté provoque une très brutale rotation en direction du bas. La balle retombe donc très vite. Avec un service à plat, la chute est plus lente.

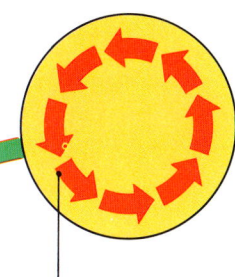

Service lifté

La balle tourne beaucoup plus vite.

Après un service plat, la balle tourne tout à fait normalement. Il n'y a pas d'attraction vers le bas; c'est pourquoi la balle ne retombe pas très vite.

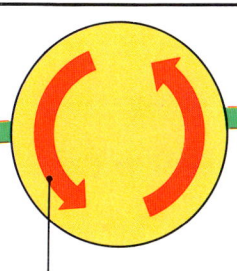

Service plat

La balle tourne nettement moins vite.

■ Le service lifté

La raquette doit frapper la balle du bas à gauche vers le haut à droite.

Cela fait sauter la balle en l'air.

■ Pourquoi la balle retombe si vite

La balle est attirée du côté où le courant d'air est le plus rapide, c'est-à-dire vers le bas; elle retombe donc très vite.

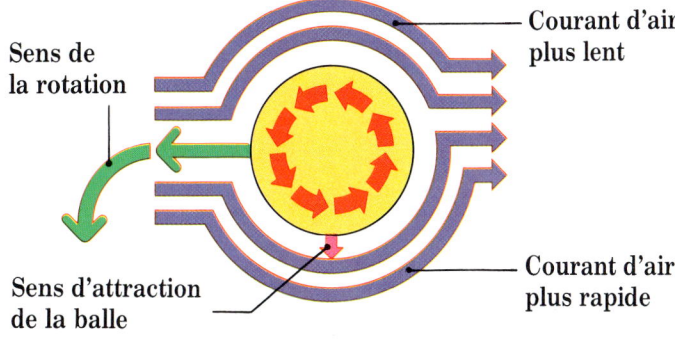

Sens de la rotation

Courant d'air plus lent

Sens d'attraction de la balle

Courant d'air plus rapide

Comment les pêcheurs retrouvent-ils le poisson dans l'immensité de l'océan?

RÉPONSE Les pêcheurs utilisent des détecteurs de poisson. Ce sont des instruments qui émettent des ultra-sons, lesquels vont rebondir sur les bancs de poissons pour revenir jusqu'au bateau. Ces ondes, qui créent comme des échos, s'affichent sur l'écran et disent où se trouve le poisson.

▲ Un détecteur de poisson en couleurs

▲ Du poisson sur un écran

Les détecteurs de poisson utilisent les couleurs pour signaler les bancs. Le rouge indique qu'ils sont très importants, le jaune qu'ils sont assez moyens, le bleu qu'il n'y a absolument rien.

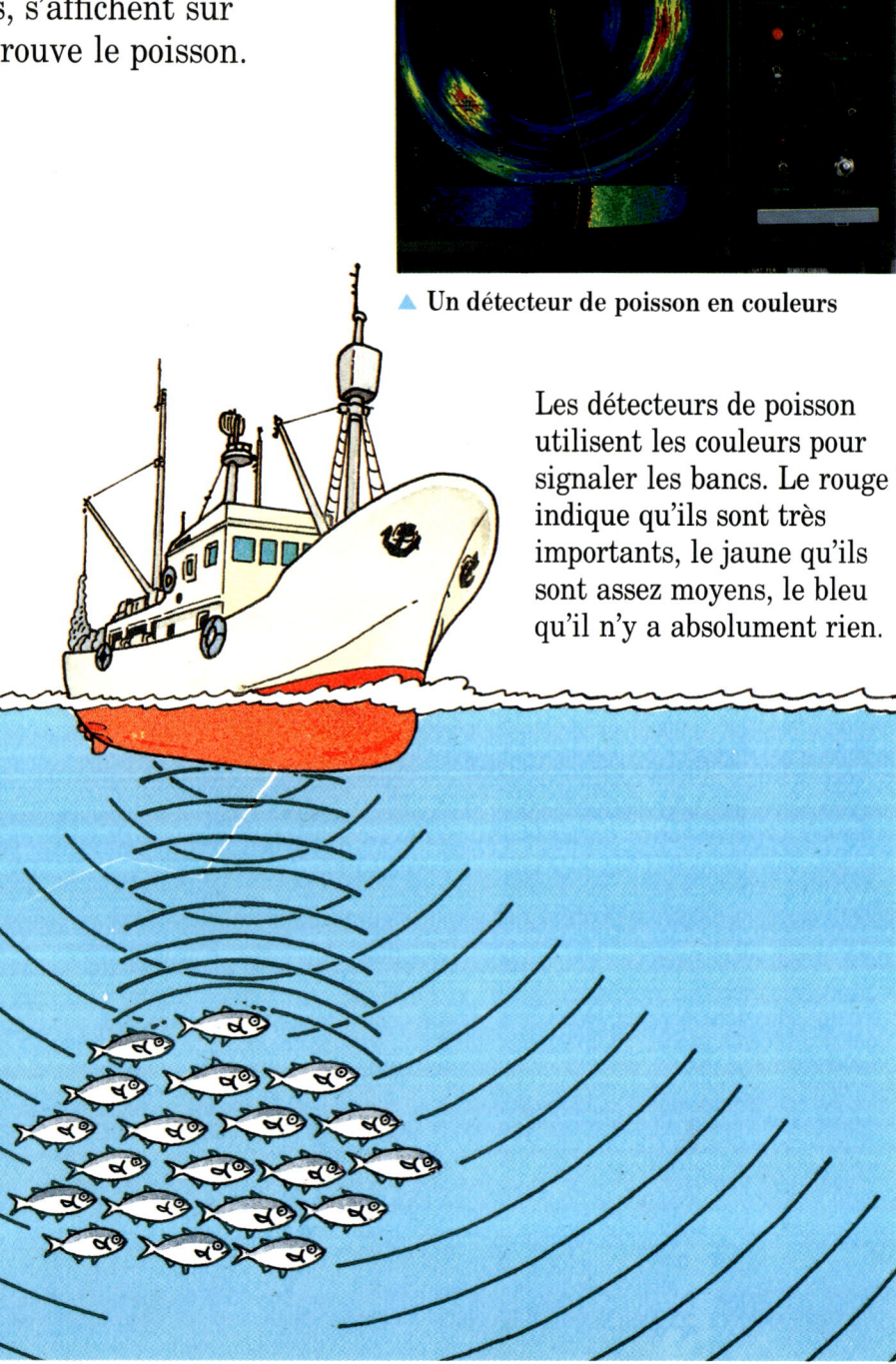

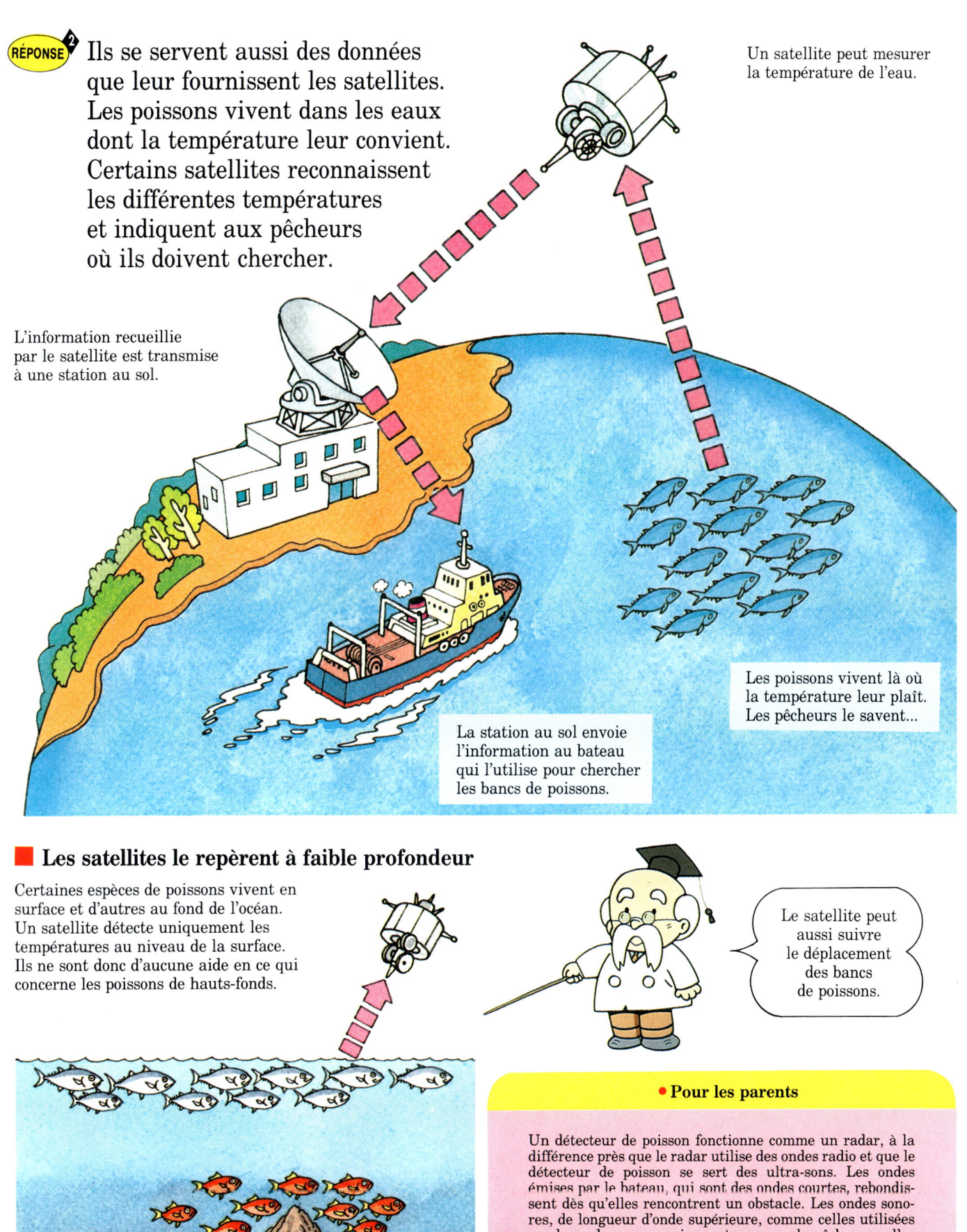

RÉPONSE 2 Ils se servent aussi des données que leur fournissent les satellites. Les poissons vivent dans les eaux dont la température leur convient. Certains satellites reconnaissent les différentes températures et indiquent aux pêcheurs où ils doivent chercher.

Un satellite peut mesurer la température de l'eau.

L'information recueillie par le satellite est transmise à une station au sol.

La station au sol envoie l'information au bateau qui l'utilise pour chercher les bancs de poissons.

Les poissons vivent là où la température leur plaît. Les pêcheurs le savent...

■ Les satellites le repèrent à faible profondeur

Certaines espèces de poissons vivent en surface et d'autres au fond de l'océan. Un satellite détecte uniquement les températures au niveau de la surface. Ils ne sont donc d'aucune aide en ce qui concerne les poissons de hauts-fonds.

Le satellite peut aussi suivre le déplacement des bancs de poissons.

● Pour les parents

Un détecteur de poisson fonctionne comme un radar, à la différence près que le radar utilise des ondes radio et que le détecteur de poisson se sert des ultra-sons. Les ondes émises par le bateau, qui sont des ondes courtes, rebondissent dès qu'elles rencontrent un obstacle. Les ondes sonores, de longueur d'onde supérieure, comme celles utilisées par les radars, ne conviennent pas pour la pêche, car elles ne se réfléchissent pas facilement dans l'eau.

❓ Pourquoi les oiseaux ne s'électrocutent-ils pas quand ils se posent sur les fils?

RÉPONSE Si un courant électrique traverse le corps d'un être vivant, ce dernier reçoit une décharge. Pourtant, quand un oiseau se pose sur un fil, il ne lui arrive rien. Pourquoi ne reçoit-il pas la moindre décharge?

■ Une différence de potentiel crée un courant électrique

Le courant passe quand il y a une différence de potentiel entre les deux extrémités du fil. C'est un peu comme pour l'eau: elle coule du haut vers le bas, de même le courant va du potentiel le plus fort au potentiel le plus faible. Or il peut y avoir entre 100 et des milliers de volts de différence entre un fil électrique et le sol. Alors, dès que l'on crée un pont entre un tel fil et le sol, le courant s'y précipite.

Si le courant traverse le corps de l'oiseau, il est électrocuté.

L'oiseau ne risque rien, car il se perche sur un seul fil et ne touche rien d'autre.

■ Pourquoi les oiseaux peuvent-ils quand même s'électrocuter?

Si l'oiseau touche deux fils électriques ou s'il touche un poteau
avec le bout de sa queue, il crée un pont: le courant passe.

Si l'oiseau est perché sur deux fils électriques en même
temps, le courant le traverse pour aller d'un fil à l'autre.

Si l'oiseau touche un poteau avec sa queue, le courant
le traverse et descend, tout du long du poteau, jusqu'au sol.

Qu'est-ce qu'une électrocution?

Quand un courant électrique traverse
quelque chose, il produit une grande
chaleur à l'intérieur. S'il traverse
un oiseau, ou un autre être vivant, il
lui occasionne des brûlures très graves.
Le choc peut même provoquer un arrêt
du cœur. Un courant puissant peut donc
entraîner la mort, alors qu'un courant
faible est rarement vraiment dangereux.

Il ne faut **jamais**...
mais jamais... toucher
un fil électrique
qui traîne par terre!

● **Pour les parents**

Il y a une différence de potentiel entre les fils qui courent
d'un pylône à un autre, ou entre un fil électrique et le sol.
Une personne qui marche sur le sol et qui touche un fil
reçoit une décharge parce que le courant qui descend vers la
terre traverse son corps. Un oiseau perché sur un seul fil ne
reçoit pas de décharge parce que le courant ne traverse pas
son corps: il n'y a pas de différence de potentiel entre deux
points différents d'un seul fil.

❓ Pourquoi la nourriture se gâte-t-elle ?

RÉPONSE Quand ils vieillissent, les aliments se gâtent, parce que les petites bactéries s'y multiplient. Quand elles prolifèrent, les bactéries dissolvent les protéines et autres substances contenues dans la nourriture. Si cela arrive, on dit de cette nourriture qu'elle est en train de pourrir.

> Quand les protéines se dissolvent, elles changent de forme et de couleur. Elles sentent aussi particulièrement mauvais.

■ Les bactéries

Les bactéries se nourrissent de protéines qu'elles décomposent ou bien dissolvent.

Lorsque les protéines sont décomposées, donc transformées, plus question de les manger !

Pourquoi est-on malade quand on mange des aliments avariés?

Ce sont les bactéries contenues dans les aliments qui les font pourrir. Si on mange des aliments avariés, on a ensuite trop de bactéries dans l'estomac; c'est ce qui fait qu'on se sent très mal. Mais c'est aussi parce que les bactéries produisent d'autres substances qui sont mauvaises pour la santé et nous rendent malades.

Si tu manges de la nourriture avariée, tu seras malade!

Tu auras mal au ventre si tu manges ce genre de choses!

Fais attention! Il ne faut jamais manger de nourriture avariée!

Certaines bactéries sont utiles

Les bactéries opèrent des transformations qui peuvent être bénéfiques. Les bactéries, par exemple, transforment le lait en yaourt ou en toutes sortes de fromages. Elles transforment aussi le vin en vinaigre. On s'en sert ensuite pour la salade.

▲ De même, le fromage, c'est d'abord du lait. Puis les bactéries le transforment. Ensuite, on le presse et on le met en forme.

▲ Le yaourt, c'est d'abord du lait que l'on soumet à l'action de deux types de bactéries. Ce sont également les bactéries qui décomposent l'alcool pour en faire le vinaigre de nos salades.

Est-il vrai que le diamant est la plus dure des pierres?

RÉPONSE Le diamant est fait de tout petits morceaux de carbone, des atomes invisibles à l'œil nu. Ces atomes sont extrêmement serrés entre eux. C'est pourquoi le diamant est la pierre la plus dure qui soit dans tout le monde.

▲ Une mine de diamants

▲ Un diamant dans sa gangue rocheuse

▲ Le même diamant encore brut

● **Pour les parents**

Le diamant et le graphite du crayon sont faits d'atomes de carbone. Mais le graphite est tendre alors que le diamant est la substance la plus dure qu'on puisse trouver dans la nature. La différence tient dans la disposition des atomes. La dureté du diamant vient du fait que les atomes y sont étroitement liés. Le carbone se transforme en diamant — la pierre précieuse la plus recherchée — sous l'action de la chaleur et de la pression du centre de la Terre.

■ Diamants et mines de crayon...

Les mines de crayon et les diamants sont faits, les uns et les autres, d'atomes de carbone.

■ Comment taille-t-on le diamant?

Le diamant est très dur, mais on peut le couper avec de la poussière de diamant.

▲ Taille et polissage
d'un diamant à la machine

▲ Un solitaire

❓ Pourquoi la Terre n'est-elle jamais à court d'oxygène?

RÉPONSE Les plantes vertes produisent de l'oxygène. Alors, tant qu'il y en aura suffisamment sur Terre, nous aurons assez d'oxygène!

L'équilibre de la nature

Les humains et les animaux inspirent de l'oxygène et rejettent du gaz carbonique. C'est la respiration!

Les plantes absorbent du gaz carbonique et rejettent de l'oxygène. Voilà pourquoi la Terre n'en manque jamais!

■ Qu'est-ce que la photosynthèse?

C'est grâce à l'énergie du Soleil que les plantes assimilent l'eau et le gaz carbonique. On parle alors de photosynthèse, un processus qui s'effectue dans la partie de la plante qu'on s'appelle le chloroplaste.

Chloroplaste

Oxygène

Gaz
carbonique

Eau

Mais, un jour, nous pourrions manquer d'oxygène!

Les hommes coupent beaucoup d'arbres, pour faire du bois, du papier, etc.

S'ils en coupaient trop, la quantité d'oxygène sur Terre diminuerait.

● Pour les parents

L'oxygène que nous respirons est un sous-produit de la photosynthèse, un processus qui concerne toutes les plantes, du plus grand arbre à la plus petite algue. L'énergie du Soleil convertit l'eau, le gaz carbonique et les minéraux du chloroplaste en oxygène et en hydrocarbones. On ne manquera pas d'oxygène tant qu'il y aura, sur Terre, suffisamment de plantes pour en produire. Mais la déforestation est une menace potentielle dans ce domaine. Les coupes massives d'arbres pour obtenir du bois de construction, du combustible ou du papier représentent des volumes de plus en plus importants dans l'ensemble du monde.

❓ Pourquoi la glace flotte-t-elle?

RÉPONSE Comme la plupart des substances, l'eau est composée de petits éléments qu'on appelle molécules. Quand l'eau est liquide, les molécules sont serrées les unes contre les autres. Quand elle est solide, elles le sont moins; elles occupent plus de place: le volume de la glace est plus important que celui de l'eau. La glace, plus légère que l'eau, flotte.

▲ Un iceberg, près du pôle Sud

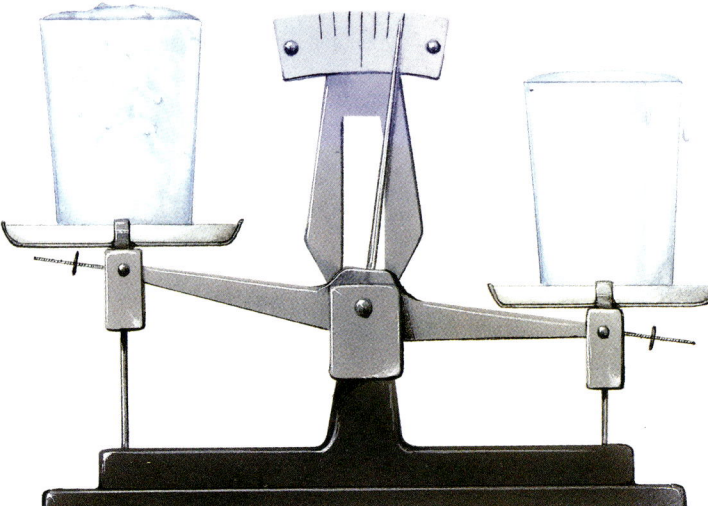

Un verre plein d'eau pèse plus lourd que le même verre plein de glace (il y a moins de molécules dans le verre de glace).

La glace est un peu plus légère que l'eau, mais un peu seulement. Environ un huitième de l'iceberg sort de l'eau. Le reste est immergé.

■ Les molécules d'eau et de glace

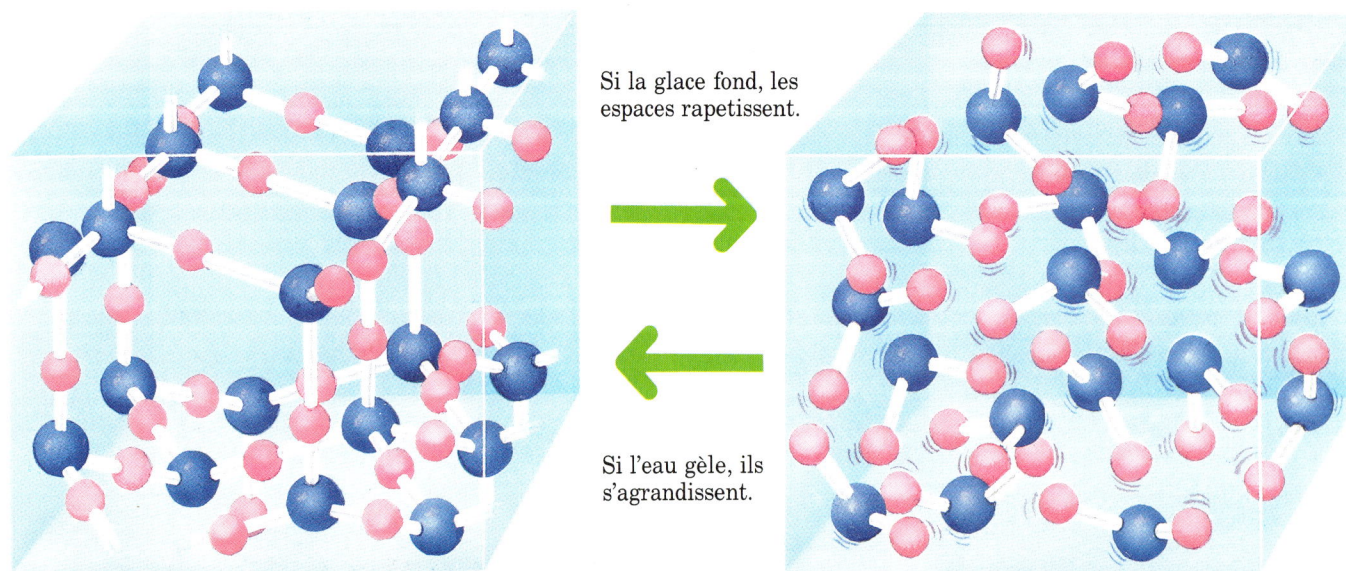

Si la glace fond, les espaces rapetissent.

Si l'eau gèle, ils s'agrandissent.

Dans la glace, il y a beaucoup d'espace entre les molécules.

Dans l'eau, les molécules sont très serrées.

Mets un morceau de glace dans un verre puis remplis-le d'eau, à ras. La glace dépasse le bord du verre. Alors, quand la glace fondra, l'eau ne devrait-elle pas déborder? Essaie, tu verras qu'il n'en est rien! Le nombre des molécules n'a, en effet, pas varié pendant que la glace fondait; certaines d'entre elles se sont tout simplement rapprochées.

Maintenant, remplis un gobelet d'eau, à ras bord, et mets-le au congélateur. Quand l'eau aura pris en glace, elle dépassera le bord. C'est que, quand l'eau gèle, ses molécules s'écartent et son volume augmente, d'environ 12 %. Attention: l'augmentation de volume risque de faire éclater le verre! Alors, pour éviter tout danger, utilise un gobelet en plastique plutôt qu'en verre.

Pourquoi l'eau gèle-t-elle à partir du haut?

C'est à 3,9 °C que les molécules d'eau sont les plus denses, que l'eau pèse le plus lourd. Au fur et à mesure de la prise en glace, donc, l'eau tombe au fond et la glace remonte.

Le haut est gelé.

L'eau du dessous n'est pas gelée.

Si tu mets un verre d'eau au congélateur, il commence à geler par le bas parce que c'est par là qu'il est en contact avec la paroi froide du congélateur.

● Pour les parents

Le volume de la plupart des substances diminue quand elles passent de l'état liquide ou de l'état gazeux à l'état solide. Mais, quand l'eau gèle, c'est le contraire... parce que les atomes d'hydrogène contenus dans les molécules d'eau s'écartent les uns des autres à mesure que l'eau passe de l'état liquide à l'état solide. La glace flotte parce que ses molécules sont moins denses que celles de l'eau.

❓ Pourquoi la glace artificielle ne fond-elle pas de la même façon que la glace naturelle?

RÉPONSE On fabrique la glace artificielle à partir de gaz carbonique. Alors, quand cette glace fond, elle passe directement de l'état solide à l'état de gaz incolore; c'est l'air ambiant refroidi par la glace qui donne la vapeur blanche. La vraie glace, en revanche, quand elle fond, elle redevient de l'eau.

Le comportement des molécules

L'eau passe à l'état gazeux, devient vapeur, quand on la chauffe à 100 °C. Elle devient glace, c'est-à-dire solide, à 0 °C. On dit que l'eau a trois états.

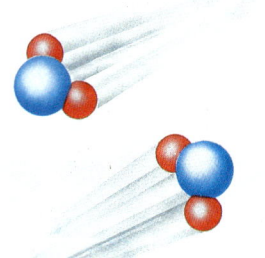

Les molécules de vapeur

En exerçant une pression sur lui, on fait passer le gaz carbonique de l'état gazeux à l'état solide. C'est ainsi qu'est fabriquée la glace artificielle. Mais, si la pression exercée est très forte, le gaz carbonique passe plutôt à l'état liquide.

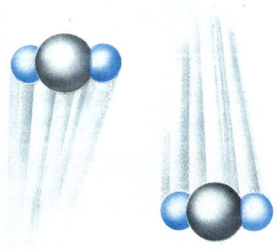

Dioxyde de carbone gazeux

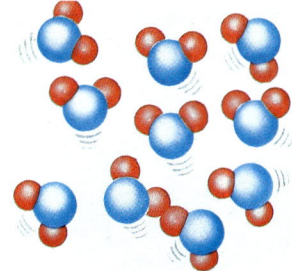

Les molécules d'eau

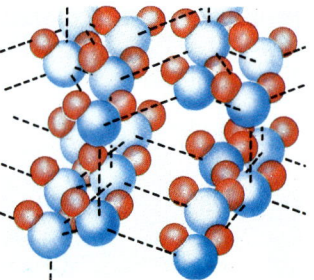

Les molécules de glace

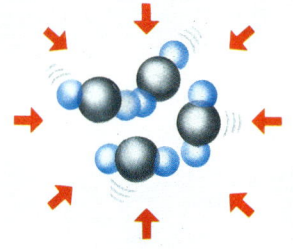

Dioxyde de carbone liquide

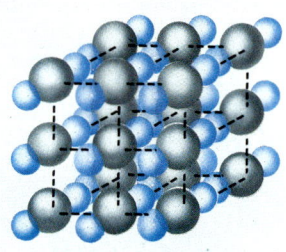

Dioxyde de carbone solide

Comment fabrique-t-on la glace artificielle?

On comprime très fort le gaz carbonique et on le refroidit à — 20 °C — il devient alors liquide — puis on relâche la pression très brutalement — le liquide redevient gazeux instantanément et la température baisse si considérablement qu'une partie du gaz se transforme en une sorte de neige qui, pressée, donnera de la glace.

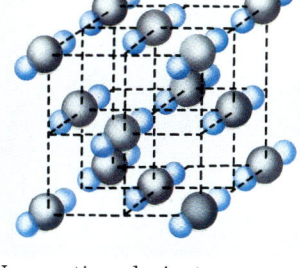

Une partie redevient gazeuse...

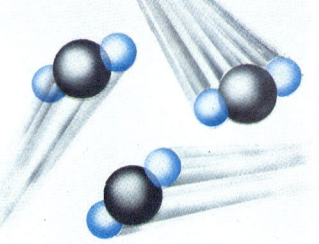

Gaz carbonique

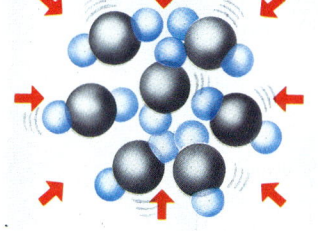

La pression et le froid en font un liquide.

On relâche la pression.

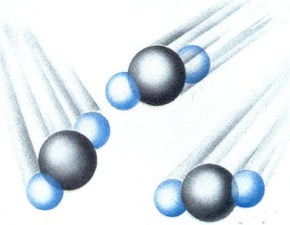

... une autre devient solide!

LE SAVAIS-TU?

Si on met de la glace artificielle dans de l'eau, des bulles remontent. C'est le gaz carbonique qui redevient gazeux.

Si on met de la glace artificielle dans de l'eau savonneuse, des bulles de savon, gonflées au gaz carbonique, se forment.

Tous les gens qui manipulent de la glace artificielle portent des gants pour se protéger.

Ne pose jamais les mains directement sur de la glace artificielle! Elle est si froide qu'elle te ferait mal...

• Pour les parents

La transformation de l'eau en l'un de ses trois états — liquide, solide ou gazeux — se fait par changement de température. Pour transformer du gaz carbonique, il faut modifier sa température mais aussi sa pression. À la pression atmosphérique normale et en dessous de — 78,55 °C, le dioxyde de carbone est solide. C'est de la glace artificielle. Mais, au-dessus, c'est un gaz: à la température ambiante, la glace artificielle devient un gaz incolore. La vapeur blanche qui se dégage n'est en fait que l'air environnant, refroidi.

Comment fait-on de l'électricité avec de l'uranium?

RÉPONSE Dans une centrale nucléaire, on divise les atomes en deux, ce qui libère une énorme quantité de chaleur; laquelle chaleur est utilisée pour actionner des générateurs produisant de l'électricité.

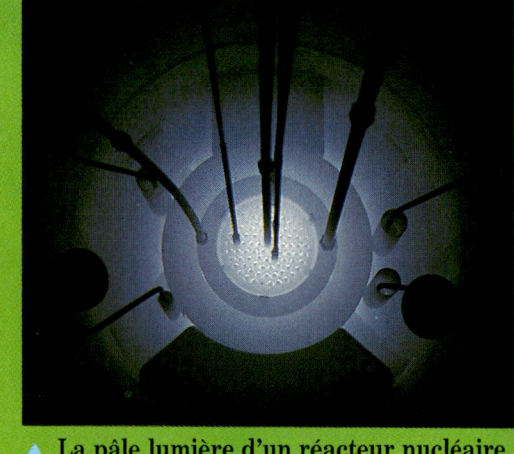

▲ La pâle lumière d'un réacteur nucléaire

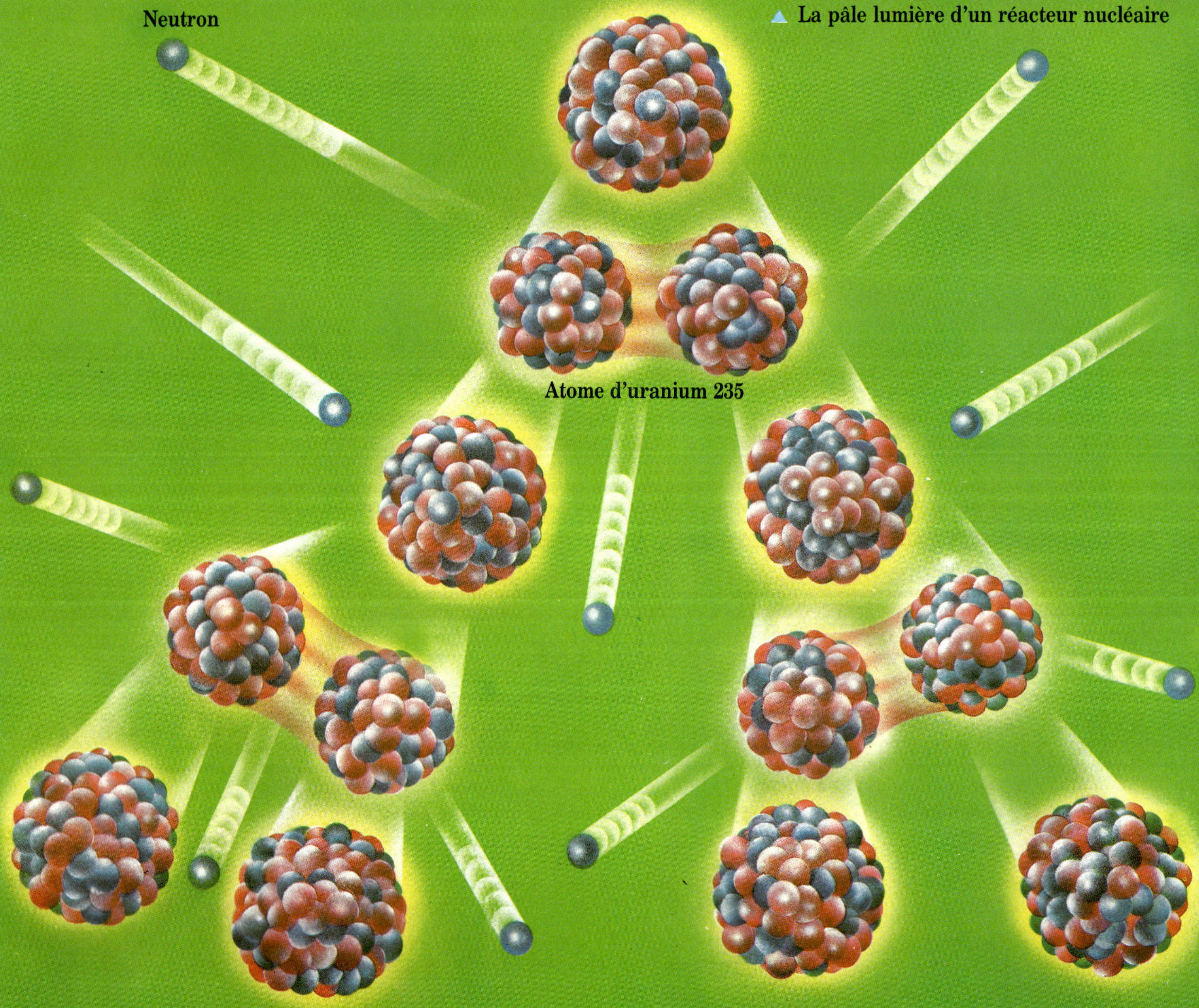

Neutron

Atome d'uranium 235

L'intérieur d'une centrale nucléaire

La chaleur du réacteur transforme l'eau qui circule autour en vapeur. Cette vapeur fait ensuite tourner les turbines produisant l'électricité.

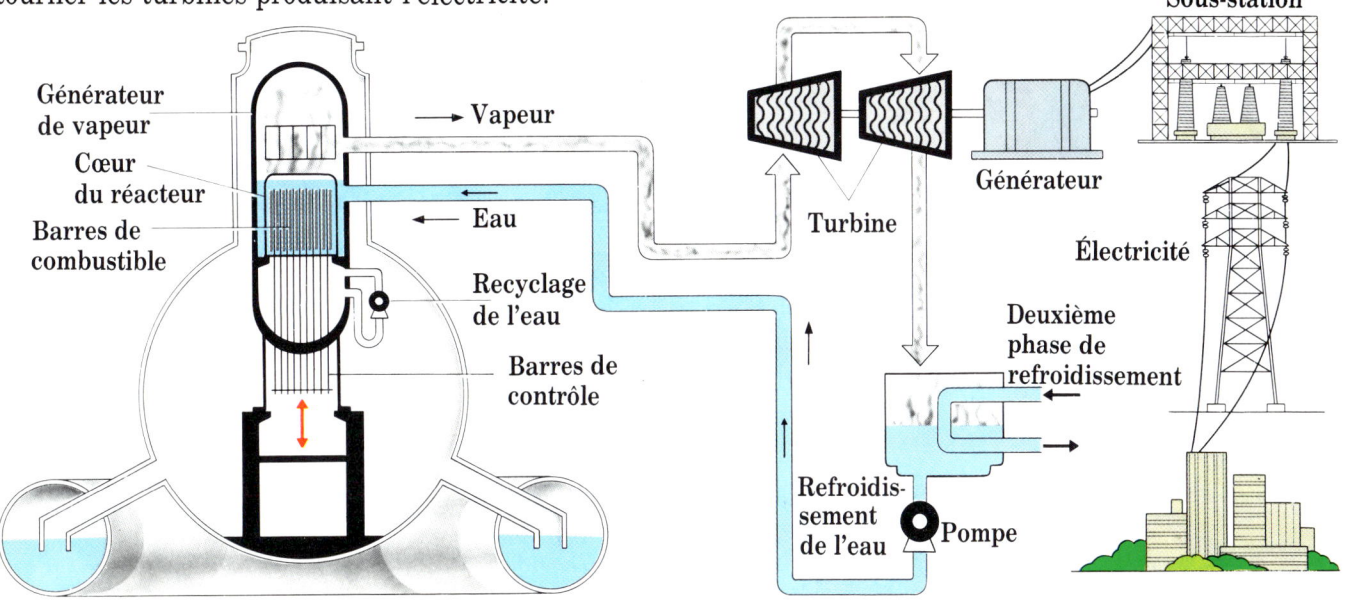

Beaucoup d'énergie avec très peu de combustible

Les centrales nucléaires produisent beaucoup d'énergie en utilisant très peu de combustible. On obtient autant d'énergie en divisant les atomes d'un tout petit morceau d'uranium qu'en brûlant des quantités de charbon absolument énormes.

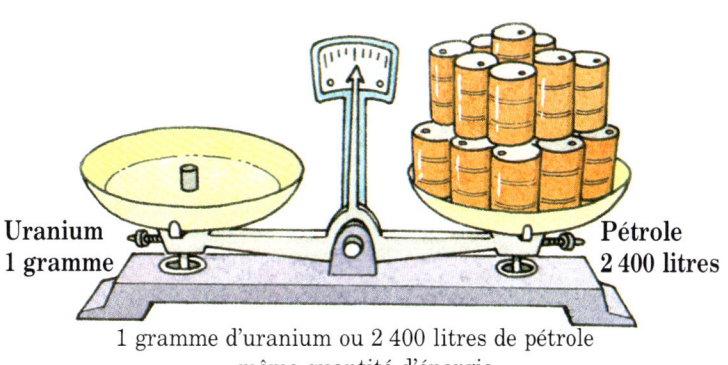

1 gramme d'uranium ou 2 400 litres de pétrole
= même quantité d'énergie.

1 gramme d'uranium ou 3 tonnes de charbon
= même quantité d'énergie.

L'énergie produite par un gramme d'uranium ferait marcher 23 000 téléviseurs pendant une heure.

Avec un gramme d'uranium, une petite voiture ferait la moitié du tour du monde.

● Pour les parents

L'énergie d'une centrale nucléaire est le produit de la fission d'atomes d'uranium 235 — l'un des trois isotopes de cet élément. Dans le cœur du réacteur, pour diviser les atomes d'uranium, on les bombarde avec des neutrons. La réaction en chaîne est contrôlée par des barres de graphite amovibles qui absorbent ces neutrons. La chaleur produite transforme l'eau en vapeur qui actionne les turbines génératrices d'électricité.

❓ Comment obtient-on des raisins sans pépins?

RÉPONSE Deux semaines avant l'apparition des fleurs, on trempe les grappes dans une solution contenant un champignon appelé gibberoa. Dix jours après la floraison, on recommence. C'est cette double opération qui fait que des raisins sans pépins arrivent sur notre table.

▲ On trempe les fleurs de raisin dans du gibberoa.

■ Comment ça se passe

Si on ne trempe pas les fleurs de raisin dans une solution à base de gibberoa, ils auront des pépins.

Si les fleurs sont trempées dans une solution de gibberoa, les raisins se forment sans pépins.

On les trempe avant la floraison.

Et on recommence après la floraison.

▲ Raisins avec pépins

▲ Raisins sans pépins

Est-ce que les pastèques sans graines sont faites de la même façon?

Non, pour les pastèques, on verse sur leurs pousses une substance spéciale qui modifie le nombre de leurs chromosomes; lequel détermine tout.

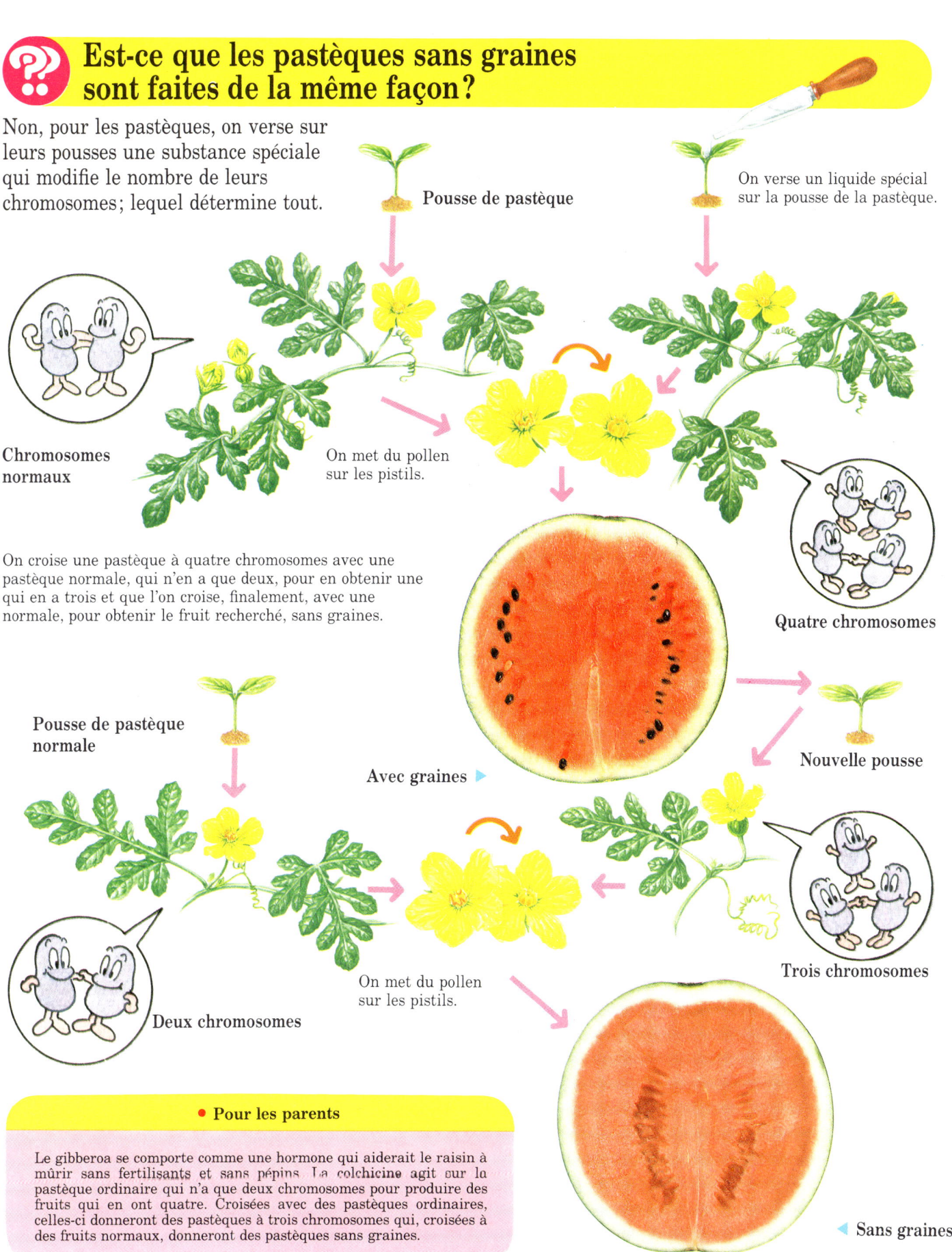

Pousse de pastèque

On verse un liquide spécial sur la pousse de la pastèque.

Chromosomes normaux

On met du pollen sur les pistils.

On croise une pastèque à quatre chromosomes avec une pastèque normale, qui n'en a que deux, pour en obtenir une qui en a trois et que l'on croise, finalement, avec une normale, pour obtenir le fruit recherché, sans graines.

Quatre chromosomes

Pousse de pastèque normale

Avec graines ▶

Nouvelle pousse

Trois chromosomes

On met du pollen sur les pistils.

Deux chromosomes

● **Pour les parents**

Le gibberoa se comporte comme une hormone qui aiderait le raisin à mûrir sans fertilisants et sans pépins. La colchicine agit sur la pastèque ordinaire qui n'a que deux chromosomes pour produire des fruits qui en ont quatre. Croisées avec des pastèques ordinaires, celles-ci donneront des pastèques à trois chromosomes qui, croisées à des fruits normaux, donneront des pastèques sans graines.

◀ **Sans graines**

Comment fabrique-t-on le verre?

 Le verre est fabriqué à partir de silice, d'alcali et de calcaire. Quand on le chauffe, un tel mélange fond et devient de la pâte de verre. On lui donne une forme et on la refroidit. On fabrique beaucoup d'objets en verre à la machine. Mais les souffleurs de verre en font aussi:
ils soufflent, avec un long tube, dans une boule de pâte de verre qu'ils modèlent, souvent avec le plus grand talent.

▲ Des verres taillés

■ **Plaques de verre réalisées par roulage**

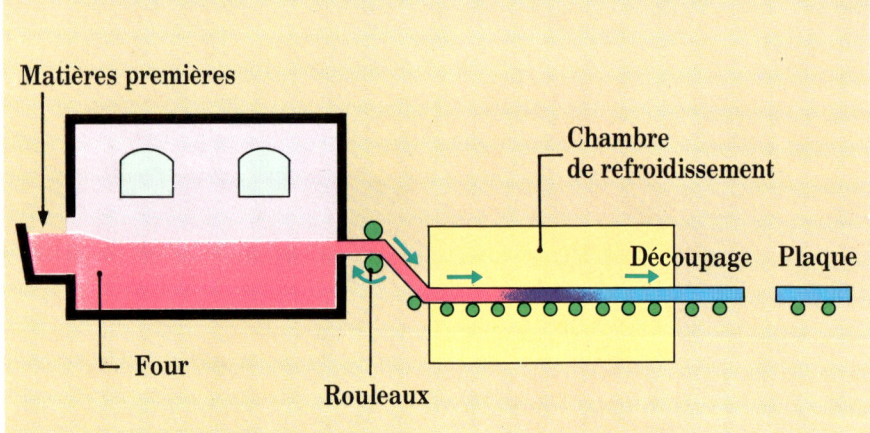

On fabrique la pâte en chauffant les ingrédients dans un four. Puis on l'étale avec des rouleaux, on la refroidit et on la découpe en plaques.

▲ **Le roulage.** Les rouleaux étalent la pâte en plaques qui seront découpées.

■ **Plaques de verre réalisées par flottaison**

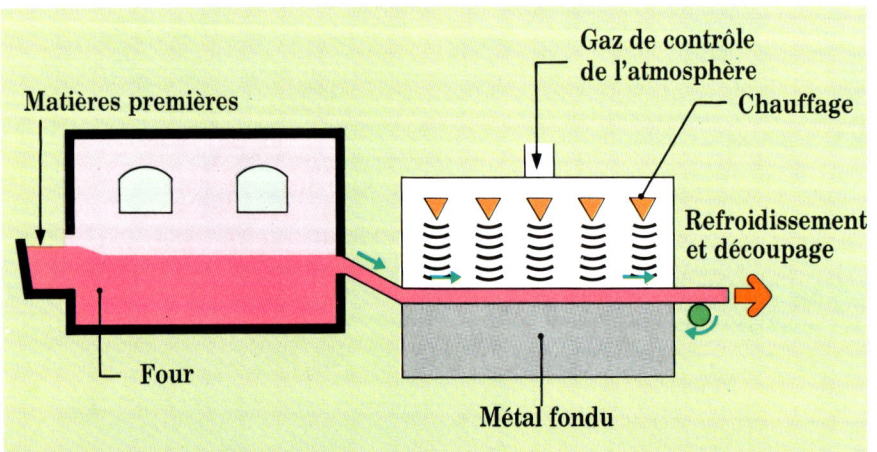

On fait couler la pâte de verre sur un bain de métal fondu; elle y refroidit lentement. Quand le verre est complètement froid, on découpe les plaques.

▲ **La flottaison.** La pâte refroidit en flottant sur du métal liquide.

L'artisanat du verre

De nombreux objets, tels les vases ou les petits animaux, sont
faits, à l'unité, par des souffleurs de verre... De vrais artistes
qui, à l'aide d'un tube de métal, soufflent dans des boules
de pâte de verre pour les modeler selon la forme désirée.

▲ Les matières premières, chauffées,
deviennent de la pâte de verre.

▲ On enroule une boule de pâte
fondue au bout du tube de métal.

▲ On souffle dans le tube, en le faisant
tourner, pour obtenir la forme désirée.

Le verre est très utile

Les vitres, les miroirs et tous
les verres pour boire ne sont que
quelques-unes des multiples
utilisations du verre. Le verre
peut aussi servir à la création.
Les vitraux, notamment, sont
souvent de réelles œuvres d'art.

▲ Des vitraux, dans une église

● **Pour les parents**

Les matières premières qui entrent dans la fabrication du
verre sont la silice, le calcaire et de l'alcali minéral. On
peut aussi y ajouter d'autres substances: des brisures de
verre, par exemple. On chauffe le mélange jusqu'à ce qu'il
fonde et puisse prendre forme. Bien que certains objets
soient encore faits à la main, la plupart d'entre eux sont fabri-
qués industriellement, par roulage, flottaison ou moulage.

? Qu'est-ce que c'est?

■ Une chute d'eau

Il y a une chute d'eau quand de l'eau rencontre une forte dénivellation. La chute la plus haute du monde est au Venezuela, à Angel Falls. Elle mesure 979 mètres de haut. Les chutes sont parfois appelées des cataractes, surtout quand elles contiennent beaucoup d'eau. Les petites chutes d'eau en série sont appelées des cascades.

■ Une vallée en U

La plupart des vallées ont la forme d'un V. Mais certaines d'entre elles, comme celle-ci, ont plutôt la forme d'un U. Elles ont été creusées, il y a des milliers d'années, par des glaciers charriant cailloux et terre.

Regarde! Cette vallée est l'ancien lit d'un glacier.

■ Un karst

Un karst est une région recouverte de calcaire. Comme le calcaire se dissout dans l'eau de pluie, les régions karstiques comptent de nombreux trous et avens, ainsi que de multiples cours d'eau souterrains. Les paysages calcaires sont très caillouteux et la végétation qui les recouvre, qu'il s'agisse d'arbres ou d'herbes, y est rare.

■ Une couronne solaire

La lumière que l'on voit parfois autour du Soleil, c'est la couronne solaire, c'est-à-dire l'atmosphère du Soleil. D'habitude, on ne la remarque pas, parce que la lumière du Soleil nous éblouit. Mais, quand la Lune obscurcit le Soleil, pendant une éclipse solaire, on peut voir la belle lumière gris perle de la couronne.

■ Un observatoire

Dans un observatoire il y a un grand télescope. Les astronomes s'en servent pour observer les étoiles et les objets dans le ciel. Le dôme de l'observatoire peut tourner sur lui-même, pour suivre le télescope, quand on le pointe dans une direction. Il s'ouvre aussi, pour que l'on puisse voir le ciel, toujours avec le télescope.

■ Un cratère sur la Lune

Ce type de cratère a été formé par des météorites s'écrasant sur la Lune. En général, on n'en voit pas sur la Terre parce que les météorites, qui brûlent en traversant l'atmosphère, n'en atteignent jamais le sol. Mais la Lune n'a pas d'atmosphère, alors les météorites y tombent et y creusent de vastes cratères; et comme aucun vent n'y souffle ces cratères ne subissent aucune érosion.

● Pour les parents

Les régions karstiques contiennent d'importants dépôts calcaires qui subissent une forte érosion par le vent et la pluie. On les reconnaît à leurs paysages dénudés, creusés de nombreux trous et avens. Le terme vient de Karst, une région des environs de Trieste. La couronne solaire est due à l'atmosphère du Soleil qui est composée de gaz très chauds. On ne la voit que pendant les éclipses de Soleil, quand la Lune fait une ombre sur le Soleil lui-même.

? Et ça, c’est quoi?

■ La Voie lactée

La Voie lactée est un grand groupe d’étoiles. La Terre et le Soleil en font partie. C’est notre galaxie; on dit parfois ″la Galaxie″. Pourtant, il y a, dans l’univers, beaucoup d’autres galaxies. La Voie lactée est une nébuleuse spirale: elle ressemble à une spirale de nuages. En fait, elle est composée de milliers d’étoiles, parmi lesquelles, bien sûr, le brillant Soleil.

■ La matérialisation d’un champ magnétique

On ne les voit pas, mais il y a des lignes de force magnétique tout autour d’un aimant. On les voit seulement si on saupoudre de limaille de fer un papier sur lequel on pose un aimant. Les lignes de force disposent la limaille selon un dessin comportant de tels motifs arrondis.

■ Un astronaute dans l’espace

Dans l’espace, un astronaute est en état d’apesanteur. L’astronaute et son vaisseau se déplacent, en orbite autour de la Terre, à la même vitesse. C’est pourquoi l’astronaute ne tombe pas mais reste proche du vaisseau.

L'album de ....

Trouve les liens

Les objets dessinés au bas de ces pages ont tous un lien avec les situations dans lesquelles sont les enfants représentés sur ces pages. Essaie de trouver le lien qui unit les différents objets aux différentes situations!

1. Il pleut

2. Il nage sous l'eau

3. Ils regardent les étoiles

4. Ils font du patin à glace

 **Quel est le lien?**

Ces dix objets présentent un lien avec les situations ci-dessus. Regarde bien et trace un trait entre l'objet et la situation qu'il évoque.

Une balle de golf

De l'air comprimé

De la glace naturelle

Une vitre

Le Soleil

5. Ils font des ombres par terre

6. Ils cherchent leur chemin

7. Elle joue au golf

8. Il regarde dehors, la fenêtre fermée

9. Sa glace n'est pas fondue! Elle peut la manger

10. Elle joue au tennis

Un nuage de pluie **De la glace artificielle** **Une balle de tennis** **Un télescope** **Une boussole**

1. Le nuage de pluie - 2. L'air comprimé - 3. Le télescope - 4. La glace naturelle - 5. Le Soleil
6. La boussole - 7. La balle de golf - 8. La vitre - 9. - La glace artificielle - 10. La balle de tennis

L'ombre de qui?

Quand le Soleil brille, chaque personne et chaque objet
a une ombre. Sur ce dessin, il y en a vraiment beaucoup!
Mais, en bas de la page, il n'y en a que six. Regarde-les
bien et essaie de reconnaître à qui elles appartiennent!
Regarde, sur le dessin, les personnages et objets réels
plutôt que leurs ombres... Ce sera beaucoup plus facile!

■ **Retrouve-les
grâce à leurs ombres**

Ces six ombres figurent aussi dans
le dessin ci-dessus. Elles ressemblent,
bien sûr, à certaines autres; mais il
n'y en a que six, dans le dessin, qui
soient exactement comme elles. Alors,
regarde bien et essaie de les trouver!

① ② ③

④ ⑤ ⑥

Ce sont celles de:
1. La voiture de couleur claire 2. Le chien dans le parc
3. Le garçon qui joue au ballon (celui de droite) 4. Le garçon à bicyclette, sans casquette
5. La maman qui pousse le landau 6. L'arbre le plus proche de toi

Il y a eau et eau!

C'est toujours de l'eau... Pourtant, il y a celle des rivières et celle de la mer; et elles sont différentes à bien des égards! Mais qu'est-ce qui les différencie?

■ **Trouve toutes les différences!**

Les images de droite montrent des choses qui se passent soit à la mer, soit dans une rivière. Les phrases qui les accompagnent t'aideront à deviner dans quelle eau se déroule chacune de ces scènes. Essaie de trouver!

1. On la retient parfois avec un barrage.

2. Elle a un goût salé.

3. Il arrive qu'elle donne de très jolies chutes.

4. Son courant va toujours dans le même sens.